計算 せんもんドリル

3年

JN132634

3年 　組

特色と使い方

● このドリルは、計算力を付けるための計算問題をせんもんにあつかったドリルです。

● 教科書ぴったりトレーニングに、このドリルの何ページをすればよいのかが書いてあります。教科書ぴったりトレーニングにあわせてお使いください。

教科書ぴったりトレーニングのここを見てね

🐾 もくじ 🐾

🏠 おうちのかたへ

・お子さまがお使いの教科書や学校の学習状況により、ドリルのページが前後したり、学習されていない問題が含まれている場合がございます。お子さまの学習状況に応じてお使いください。

・お子さまがお使いの教科書により、教科書ぴったりトレーニングと対応していないページがある場合がございますが、お子さまの興味・関心に応じてお使いください。

1 10 や 0 のかけ算

1 次の計算をしましょう。

月　　日

① 2×10

② 8×10

③ 3×10

④ 6×10

⑤ 1×10

⑥ 10×7

⑦ 10×4

⑧ 10×9

⑨ 10×5

⑩ 10×10

2 次の計算をしましょう。

月　　日

① 3×0

② 5×0

③ 1×0

④ 2×0

⑤ 6×0

⑥ 0×8

⑦ 0×4

⑧ 0×9

⑨ 0×7

⑩ 0×0

1 次の計算をしましょう。　　　　　　　　月　日

① $8 \div 2$　　　　② $15 \div 5$

③ $0 \div 4$　　　　④ $40 \div 8$

⑤ $14 \div 7$　　　⑥ $36 \div 4$

⑦ $48 \div 6$　　　⑧ $6 \div 1$

⑨ $63 \div 9$　　　⑩ $24 \div 3$

2 次の計算をしましょう。　　　　　　　　月　日

① $6 \div 6$　　　　② $36 \div 9$

③ $18 \div 2$　　　④ $45 \div 5$

⑤ $12 \div 4$　　　⑥ $63 \div 7$

⑦ $25 \div 5$　　　⑧ $0 \div 3$

⑨ $64 \div 8$　　　⑩ $2 \div 1$

3 わり算②

1 次の計算をしましょう。　　　　　　　　　月　　日

① 6÷2　　　　　　② 35÷5

③ 15÷3　　　　　　④ 42÷7

⑤ 16÷8　　　　　　⑥ 0÷5

⑦ 8÷1　　　　　　⑧ 72÷9

⑨ 54÷6　　　　　　⑩ 16÷4

2 次の計算をしましょう。　　　　　　　　　月　　日

① 10÷5　　　　　　② 36÷6

③ 81÷9　　　　　　④ 56÷8

⑤ 12÷3　　　　　　⑥ 1÷1

⑦ 14÷2　　　　　　⑧ 48÷8

⑨ 56÷7　　　　　　⑩ 8÷4

4 わり算③

1 次の計算をしましょう。

① $21 \div 3$　　　② $45 \div 9$

③ $28 \div 4$　　　④ $72 \div 8$

⑤ $4 \div 1$　　　⑥ $30 \div 5$

⑦ $49 \div 7$　　　⑧ $24 \div 6$

⑨ $27 \div 3$　　　⑩ $16 \div 2$

2 次の計算をしましょう。

① $8 \div 8$　　　② $20 \div 4$

③ $9 \div 3$　　　④ $40 \div 5$

⑤ $18 \div 9$　　　⑥ $4 \div 2$

⑦ $28 \div 7$　　　⑧ $0 \div 1$

⑨ $42 \div 6$　　　⑩ $35 \div 7$

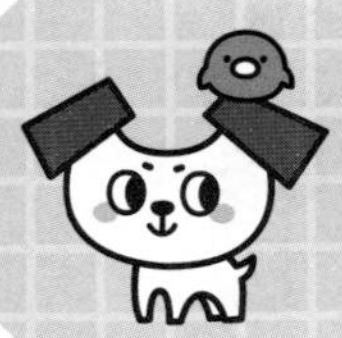

5 わり算④

★できた問題には、「た」をかこう！

できた 1　できた 2

1 次の計算をしましょう。　　月　　日

① 24÷4

② 63÷9

③ 18÷6

④ 5÷1

⑤ 16÷8

⑥ 56÷7

⑦ 20÷5

⑧ 12÷3

⑨ 0÷6

⑩ 18÷2

2 次の計算をしましょう。　　月　　日

① 36÷9

② 32÷4

③ 6÷3

④ 9÷1

⑤ 45÷5

⑥ 81÷9

⑦ 12÷2

⑧ 24÷8

⑨ 48÷6

⑩ 7÷7

6 大きい数のわり算

1 次の計算をしましょう。

月　　　日

① 30÷3

② 50÷5

③ 80÷8

④ 60÷6

⑤ 70÷7

⑥ 40÷2

⑦ 60÷2

⑧ 80÷4

⑨ 90÷3

⑩ 60÷3

2 次の計算をしましょう。

月　　　日

① 28÷2

② 88÷4

③ 39÷3

④ 26÷2

⑤ 48÷4

⑥ 86÷2

⑦ 42÷2

⑧ 84÷4

⑨ 55÷5

⑩ 69÷3

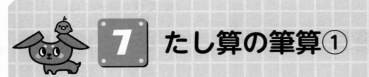

★ できた問題には、
「た」をかこう！

でき 1 ○　でき 2 ○

7 たし算の筆算①

1 次の計算をしましょう。

月　　日

①
```
   8 1 5
 + 1 4 4
```

②
```
   2 3 4
 + 6 4 6
```

③
```
   5 4 3
 + 3 0 8
```

④
```
   2 7 1
 + 4 7 6
```

⑤
```
   4 7 5
 + 1 4 8
```

⑥
```
   4 3 3
 + 4 7 9
```

⑦
```
   5 9 7
 + 2 5 5
```

⑧
```
   8 6 5
 + 5 0 5
```

⑨
```
   8 4 2
 + 6 9 8
```

⑩
```
   9 9 6
 +     7
```

2 次の計算を筆算でしましょう。

月　　日

① 579＋321

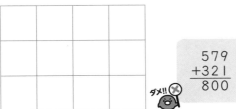

```
   579
 + 321
 ─────
   800
```
ダメ!! ✗

② 365＋47

③ 478＋965

④ 35＋978

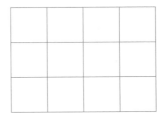

8 たし算の筆算②

1 次の計算をしましょう。

月　　日

① 　432
　+254

② 　169
　+828

③ 　508
　+406

④ 　690
　+154

⑤ 　366
　+465

⑥ 　261
　+449

⑦ 　646
　+ 75

⑧ 　856
　+707

⑨ 　645
　+689

⑩ 　 37
　+988

2 次の計算を筆算でしましょう。

月　　日

① 429+473

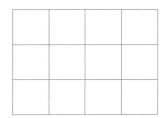

② 489+886

③ 212+788

④ 942+69

9 たし算の筆算③

1 次の計算をしましょう。　　　　　　　月　　日

① 143 +449　② 163 +808　③ 797 +182　④ 92 +152

⑤ 185 +397　⑥ 294 +478　⑦ 357 + 46　⑧ 874 +836

⑨ 466 +838　⑩ 995 + 9

2 次の計算を筆算でしましょう。　　　　　月　　日

① 695+6　　　　② 897+394

③ 947+89　　　④ 97+906

10 たし算の筆算④

★ できた問題には、
「た」をかこう！

1 次の計算をしましょう。

月　　　日

```
①    378        ②    405        ③    281        ④    398
    +413            +207            +171            +451
```

```
⑤    579        ⑥    596        ⑦     19        ⑧    886
    +238            +118            +794            +765
```

```
⑨    879        ⑩    986
    +934            +  79
```

2 次の計算を筆算でしましょう。

月　　　日

① 25+776

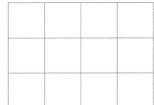

② 579+892

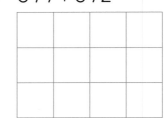

③ 657+545

④ 992+9

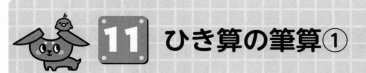

11 ひき算の筆算①

1 次の計算をしましょう。

月　　日

①	487 −366	②	584 −335	③	887 −239	④	275 −　49

⑤	627 −436	⑥	809 −352	⑦	356 −295	⑧	431 −187

⑨	517 −399	⑩	521 −498

2 次の計算を筆算でしましょう。

月　　日

① 440−279

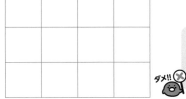

```
 440
−279
 261
```
ダメ!! ✗

② 212−46

③ 708−19

④ 900−414

12 ひき算の筆算②

1 次の計算をしましょう。　　　　月　　日

① 　264
　−134

② 　854
　−749

③ 　860
　−748

④ 　895
　−836

⑤ 　563
　−391

⑥ 　748
　−178

⑦ 　208
　− 52

⑧ 　758
　−169

⑨ 　814
　−467

⑩ 　300
　−196

2 次の計算を筆算でしましょう。　　　　月　　日

① 331−237

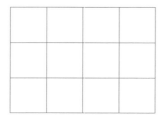

② 803−608

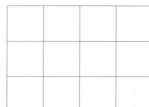

③ 700−5

④ 1000−738

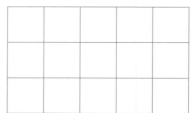

13 ひき算の筆算③

1 次の計算をしましょう。　　　　　　　　月　　日

①
```
  6 3 3
-  1 3 2
```

②
```
  7 8 5
- 1 2 9
```

③
```
  5 7 1
- 1 4 8
```

④
```
  7 9 5
-   5 6
```

⑤
```
  9 2 6
- 4 9 5
```

⑥
```
  6 7 8
- 4 9 8
```

⑦
```
  8 0 5
- 7 4 4
```

⑧
```
  9 3 2
- 7 7 7
```

⑨
```
  8 2 2
- 2 5 6
```

⑩
```
  8 0 0
-   8 6
```

2 次の計算を筆算でしましょう。　　　　　　月　　日

① 895−699

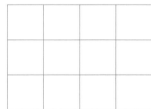

② 502−493

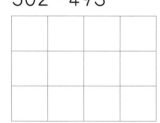

③ 400−8

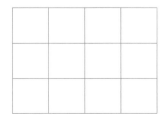

④ 1000−57

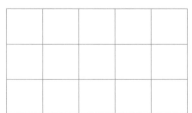

14 ひき算の筆算④

1 次の計算をしましょう。 　　　月　　日

① 787
  −415

② 673
  −544

③ 634
  −506

④ 974
  −947

⑤ 928
  −343

⑥ 585
  −395

⑦ 533
  −471

⑧ 912
  −283

⑨ 824
  − 36

⑩ 1000
  − 439

2 次の計算を筆算でしましょう。 　　　月　　日

① 920−722

② 806−719

③ 800−711

④ 700−69

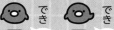
1 次の計算をしましょう。 | 月 日 |

① 　 5120
　 +3504

② 　 5693
　 +　255

③ 　 1412
　 +4952

④ 　　 938
　 +7856

⑤ 　 6579
　 +2228

⑥ 　 5878
　 +1951

⑦ 　 5397
　 +　876

⑧ 　 2939
　 +3967

⑨ 　 6546
　 +2586

2 次の計算を筆算でしましょう。 | 月 日 |

① 1929+5165

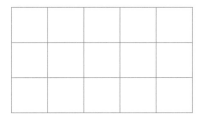

② 8357+368

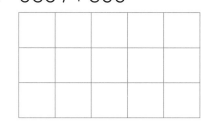

③ 7938+1192

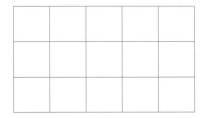

④ 48+4782

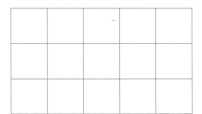

16 4けたの数のひき算の筆算

1 次の計算をしましょう。

月　　日

```
①    3744        ②    7769        ③    8833
    －  531          －7748          －3805
```

```
④    1763        ⑤    6997        ⑥    9145
    －  839          －6399          －  153
```

```
⑦    4251        ⑧    3601        ⑨    7000
    －  963          －  808          －  833
```

2 次の計算を筆算でしましょう。

月　　日

① 4037－1635

② 8183－3505

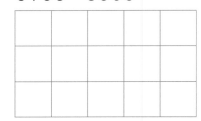

③ 5501－2862

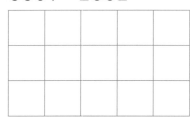

④ 8007－58

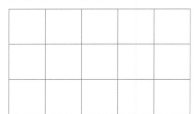

17 たし算の暗算

★できた問題には、「た」をかこう！

1 でき　2 でき

1 次の計算をしましょう。

月　日

① 12＋32　② 48＋31

③ 37＋22　④ 54＋34

⑤ 73＋15　⑥ 33＋50

⑦ 12＋68　⑧ 35＋25

⑨ 14＋56　⑩ 33＋27

2 次の計算をしましょう。

月　日

① 18＋28　② 67＋25

③ 77＋16　④ 59＋26

⑤ 42＋39　⑥ 24＋37

⑦ 68＋19　⑧ 39＋35

⑨ 67＋40　⑩ 44＋82

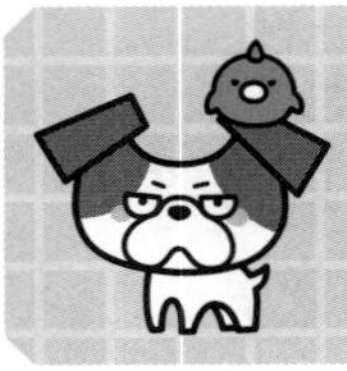

18 ひき算の暗算

★できた問題には、「た」をかこう！

1 でき　2 でき

1 次の計算をしましょう。

月　日

① 44－23　② 65－52

③ 38－11　④ 77－56

⑤ 88－44　⑥ 69－30

⑦ 46－26　⑧ 93－43

⑨ 60－24　⑩ 50－25

2 次の計算をしましょう。

月　日

① 51－13　② 63－26

③ 86－27　④ 72－34

⑤ 31－18　⑥ 56－39

⑦ 75－47　⑧ 96－18

⑨ 100－56　⑩ 100－73

1 次の計算をしましょう。

月　　日

① 7÷2

② 12÷5

③ 23÷3

④ 46÷8

⑤ 77÷9

⑥ 22÷6

⑦ 40÷7

⑧ 17÷4

⑨ 19÷2

⑩ 35÷6

2 次の計算をしましょう。

月　　日

① 11÷3

② 19÷7

③ 35÷4

④ 49÷5

⑤ 58÷6

⑥ 9÷2

⑦ 23÷5

⑧ 16÷9

⑨ 45÷7

⑩ 71÷8

20 あまりのあるわり算②

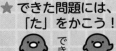
1 次の計算をしましょう。

月　　日

① 14÷8

② 60÷9

③ 28÷3

④ 27÷8

⑤ 11÷2

⑥ 34÷7

⑦ 22÷4

⑧ 20÷3

⑨ 38÷5

⑩ 16÷6

2 次の計算をしましょう。

月　　日

① 84÷9

② 10÷4

③ 63÷8

④ 40÷6

⑤ 31÷4

⑥ 15÷2

⑦ 44÷5

⑧ 26÷6

⑨ 52÷9

⑩ 8÷3

1 次の計算をしましょう。　　　　　　　　　　月　　　日

① $54 \div 7$

② $8 \div 5$

③ $17 \div 3$

④ $24 \div 9$

⑤ $20 \div 8$

⑥ $27 \div 4$

⑦ $13 \div 2$

⑧ $45 \div 6$

⑨ $36 \div 8$

⑩ $25 \div 7$

2 次の計算をしましょう。　　　　　　　　　　月　　　日

① $55 \div 8$

② $15 \div 4$

③ $67 \div 9$

④ $25 \div 3$

⑤ $50 \div 6$

⑥ $29 \div 5$

⑦ $60 \div 7$

⑧ $5 \div 4$

⑨ $17 \div 2$

⑩ $18 \div 5$

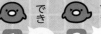
1 次の計算をしましょう。

月　　日

① 30×2

② 20×4

③ 80×8

④ 70×3

⑤ 20×7

⑥ 60×9

⑦ 90×4

⑧ 40×6

⑨ 50×6

⑩ 70×8

2 次の計算をしましょう。

月　　日

① 100×4

② 300×3

③ 500×9

④ 800×3

⑤ 300×6

⑥ 700×5

⑦ 200×8

⑧ 900×7

⑨ 600×8

⑩ 400×5

23 （2けた）×（1けた）の 筆算①

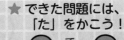

1 次の計算をしましょう。

月　　日

① 　12
　×　4

② 　40
　×　2

③ 　16
　×　6

④ 　14
　×　7

⑤ 　82
　×　3

⑥ 　91
　×　6

⑦ 　73
　×　8

⑧ 　48
　×　6

⑨ 　14
　×　8

⑩ 　25
　×　4

2 次の計算を筆算でしましょう。

月　　日

① 24×3

② 42×4

③ 33×9

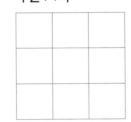

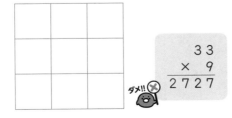

ダメ!!
```
　33
× 9
2727
```

④ 34×3

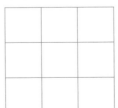

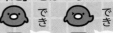

1 次の計算をしましょう。

月　　日

①
```
   1 1
×    7
```

②
```
   3 0
×    3
```

③
```
   2 4
×    4
```

④
```
   1 7
×    3
```

⑤
```
   5 1
×    8
```

⑥
```
   4 3
×    3
```

⑦
```
   6 4
×    3
```

⑧
```
   3 8
×    7
```

⑨
```
   1 5
×    7
```

⑩
```
   6 9
×    6
```

2 次の計算を筆算でしましょう。

月　　日

① 14×6

② 81×7

③ 24×8

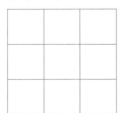

④ 85×6

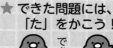

★ できた問題には、「た」をかこう！
でき 1 〇　でき 2 〇

1 次の計算をしましょう。

月　　日

①　　　2 4
　　×　　2

②　　　2 0
　　×　　4

③　　　1 5
　　×　　6

④　　　3 6
　　×　　2

⑤　　　7 2
　　×　　3

⑥　　　3 1
　　×　　5

⑦　　　4 4
　　×　　9

⑧　　　9 7
　　×　　8

⑨　　　3 9
　　×　　3

⑩　　　7 5
　　×　　4

2 次の計算を筆算でしましょう。

月　　日

①　48×2

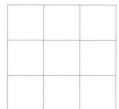

②　20×6

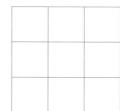

③　23×8

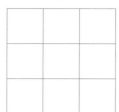

④　38×9

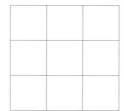

1 次の計算をしましょう。

月　　日

①　　4 1
　　×　 2

②　　2 0
　　×　 3

③　　1 5
　　×　 3

④　　2 8
　　×　 2

⑤　　8 3
　　×　 2

⑥　　9 1
　　×　 5

⑦　　9 5
　　×　 5

⑧　　4 7
　　×　 6

⑨　　6 8
　　×　 3

⑩　　3 8
　　×　 6

2 次の計算を筆算でしましょう。

月　　日

① 29×3

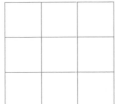

② 54×2

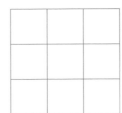

③ 55×9

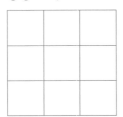

④ 25×8

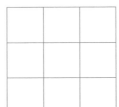

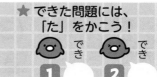
1 次の計算をしましょう。

月　　日

```
①    1 4 3        ②    2 3 3        ③    7 4 2        ④    6 1 2
  ×     2           ×     3           ×     2           ×     4
```

```
⑤    1 1 4        ⑥    9 4 7        ⑦    4 4 5        ⑧    2 8 6
  ×     6           ×     2           ×     3           ×     9
```

```
⑨    3 0 4        ⑩    4 9 0
  ×     2           ×     5
```

2 次の計算を筆算でしましょう。

月　　日

① 312×3

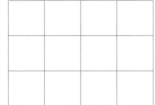

② 525×3

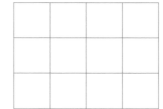

③ 491×6

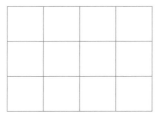

④ 607×4

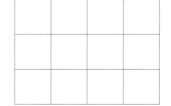

28 （3けた）×（1けた）の 筆算②

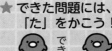

1 次の計算をしましょう。

月　　日

①
```
  1 2 1
×     4
```

②
```
  3 2 1
×     3
```

③
```
  8 2 3
×     2
```

④
```
  5 1 3
×     3
```

⑤
```
  2 1 8
×     3
```

⑥
```
  7 2 4
×     3
```

⑦
```
  2 9 6
×     2
```

⑧
```
  2 5 6
×     8
```

⑨
```
  5 0 9
×     7
```

⑩
```
  5 2 0
×     4
```

2 次の計算を筆算でしましょう。

月　　日

① 214×2

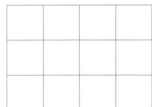

② 518×4

③ 561×5

④ 205×2

★できた問題には、「た」をかこう！

1 でき　2 でき

29 かけ算の暗算

1 次の計算をしましょう。　　月　　日

① 11×5　　② 21×4

③ 43×2　　④ 32×3

⑤ 41×2　　⑥ 13×3

⑦ 34×2　　⑧ 31×2

⑨ 43×3　　⑩ 52×3

2 次の計算をしましょう。　　月　　日

① 26×2　　② 17×3

③ 15×4　　④ 49×2

⑤ 23×4　　⑥ 28×3

⑦ 27×2　　⑧ 12×8

⑨ 25×3　　⑩ 19×4

30 小数のたし算・ひき算

1 次の計算をしましょう。

月　日

① 0.2＋0.3

② 0.5＋0.4

③ 0.6＋0.4

④ 0.2＋0.8

⑤ 0.7＋2.1

⑥ 1＋0.3

⑦ 0.9＋0.2

⑧ 0.8＋0.7

⑨ 0.6＋0.5

⑩ 0.7＋0.6

2 次の計算をしましょう。

月　日

① 0.4－0.3

② 0.9－0.6

③ 1－0.1

④ 1－0.7

⑤ 1.3－0.2

⑥ 1.5－0.5

⑦ 1.1－0.3

⑧ 1.4－0.5

⑨ 1.6－0.9

⑩ 1.3－0.4

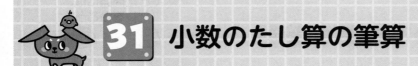

31 小数のたし算の筆算

1 次の計算をしましょう。

月　　日

```
①   1.2
   +2.4
```

```
②   3.3
   +2.5
```

```
③   1.7
   +1.9
```

```
④   2.8
   +1.4
```

```
⑤   2.5
   +6.8
```

```
⑥   4.2
   +1.9
```

```
⑦   2.7
   +3.6
```

```
⑧   6.6
   +2.8
```

```
⑨   7.9
   +6
```

```
⑩   7.1
   +0.9
```

2 次の計算を筆算でしましょう。

月　　日

① 1.3＋7.4

② 7.8＋2.9

③ 8＋4.1

```
    8
  +4.1
  ────
   4.9
```
ダメ!! ✗

④ 5.6＋3.4

32 小数のひき算の筆算

1 次の計算をしましょう。

月　　日

①　　3.5
　　−1.4

②　　7.9
　　−2.4

③　　5.2
　　−2.5

④　　6.6
　　−3.8

⑤　　9.5
　　−4.9

⑥　　3.4
　　−1.6

⑦　　11.7
　　−　9.8

⑧　　12.7
　　−　8.7

⑨　　5.1
　　−4.8

⑩　　3
　　−2.2

2 次の計算を筆算でしましょう。

月　　日

①　7−1.5

②　9.8−7

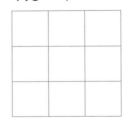

③　4.2−1.2

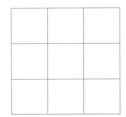

④　10.3−9.4

33 分数のたし算・ひき算

1 次の計算をしましょう。

月　　日

① $\dfrac{1}{3} + \dfrac{1}{3}$

② $\dfrac{1}{4} + \dfrac{1}{4}$

③ $\dfrac{2}{5} + \dfrac{1}{5}$

④ $\dfrac{1}{7} + \dfrac{3}{7}$

⑤ $\dfrac{3}{10} + \dfrac{6}{10}$

⑥ $\dfrac{1}{8} + \dfrac{2}{8}$

⑦ $\dfrac{3}{4} + \dfrac{1}{4}$

⑧ $\dfrac{4}{6} + \dfrac{2}{6}$

2 次の計算をしましょう。

月　　日

① $\dfrac{2}{5} - \dfrac{1}{5}$

② $\dfrac{3}{6} - \dfrac{1}{6}$

③ $\dfrac{3}{4} - \dfrac{2}{4}$

④ $\dfrac{7}{8} - \dfrac{4}{8}$

⑤ $\dfrac{8}{9} - \dfrac{5}{9}$

⑥ $\dfrac{5}{7} - \dfrac{2}{7}$

⑦ $1 - \dfrac{3}{8}$

⑧ $1 - \dfrac{7}{10}$

34 何十をかけるかけ算

★ できた問題には、
「た」をかこう！

でき 1　でき 2

1 次の計算をしましょう。

月　　日

① 2×40

② 3×30

③ 5×20

④ 8×60

⑤ 7×80

⑥ 6×50

⑦ 9×30

⑧ 4×70

⑨ 5×90

⑩ 8×30

2 次の計算をしましょう。

月　　日

① 11×80

② 21×40

③ 23×30

④ 13×30

⑤ 42×20

⑥ 40×40

⑦ 30×70

⑧ 20×60

⑨ 80×50

⑩ 90×40

1 次の計算をしましょう。

月	日

①　　１３
　　×１２

②　　１５
　　×１３

③　　２５
　　×２１

④　　３２
　　×１６

⑤　　１７
　　×５９

⑥　　３８
　　×３２

⑦　　３９
　　×７３

⑧　　９５
　　×３４

⑨　　８０
　　×６４

⑩　　４２
　　×３０

2 次の計算を筆算でしましょう。

月	日

①　９１×２６　　　　②　４７×３９　　　③　８２×２５

36 (2けた)×(2けた) の 筆算②

1 次の計算をしましょう。

月　　　日

① 　　22
　　×13

② 　　17
　　×31

③ 　　24
　　×23

④ 　　21
　　×26

⑤ 　　93
　　×12

⑥ 　　83
　　×92

⑦ 　　47
　　×75

⑧ 　　86
　　×65

⑨ 　　90
　　×39

⑩ 　　16
　　×80

2 次の計算を筆算でしましょう。

月　　　日

① 31×61　　　② 87×36　　　③ 35×84

1 次の計算をしましょう。

月　　　日

①
```
    2 1
  × 1 4
```

②
```
    1 4
  × 1 3
```

③
```
    1 7
  × 5 2
```

④
```
    2 5
  × 1 5
```

⑤
```
    7 4
  × 1 6
```

⑥
```
    3 9
  × 7 6
```

⑦
```
    8 9
  × 4 5
```

⑧
```
    4 8
  × 9 5
```

⑨
```
    5 0
  × 7 7
```

⑩
```
    9 2
  × 6 0
```

2 次の計算を筆算でしましょう。

月　　　日

①　47×36　　　　②　58×79　　　　③　25×46

38 （2けた）×（2けた）の 筆算④

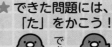

1 次の計算をしましょう。

| | 月 | 日 |

①　　　１２
　　　×１４

②　　　１６
　　　×６１

③　　　２５
　　　×３１

④　　　１７
　　　×４７

⑤　　　２４
　　　×４６

⑥　　　３２
　　　×４６

⑦　　　６９
　　　×９８

⑧　　　３８
　　　×７５

⑨　　　７０
　　　×２９

⑩　　　６４
　　　×３０

2 次の計算を筆算でしましょう。

| | 月 | 日 |

①　５２×４７　　　②　７９×８７　　　③　４５×３２

39 （3けた）×（2けた）の 筆算①

★ できた問題には、
「た」をかこう！

でき **1** ○　でき **2** ○

1 次の計算をしましょう。

月　　日

①	②	③	④
213	257	328	341
× 　13	× 　31	× 　37	× 　73

⑤	⑥	⑦	⑧
198	420	672	300
× 　65	× 　46	× 　40	× 　25

⑨	⑩
608	305
× 　59	× 　34

2 次の計算を筆算でしましょう。

月　　日

① 234×68 　　　② 725×44 　　　③ 508×80

1 次の計算をしましょう。

	月　　日

①　　431
　×　 23

②　　139
　×　 14

③　　416
　×　 82

④　　394
　×　 36

⑤　　963
　×　 25

⑥　　720
　×　 23

⑦　　452
　×　 60

⑧　　500
　×　 32

⑨　　309
　×　 66

⑩　　703
　×　 83

2 次の計算を筆算でしましょう。

	月　　日

①　517×99　　　②　382×45　　　③　108×90

1 10や0のかけ算

1
①20　②80
③30　④60
⑤10　⑥70
⑦40　⑧90
⑨50　⑩100

2
①0　②0
③0　④0
⑤0　⑥0
⑦0　⑧0
⑨0　⑩0

2 わり算①

1
①4　②3
③0　④5
⑤2　⑥9
⑦8　⑧6
⑨7　⑩8

2
①1　②4
③9　④9
⑤3　⑥9
⑦5　⑧0
⑨8　⑩2

3 わり算②

1
①3　②7
③5　④6
⑤2　⑥0
⑦8　⑧8
⑨9　⑩4

2
①2　②6
③9　④7
⑤4　⑥1
⑦7　⑧6
⑨8　⑩2

4 わり算③

1
①7　②5
③7　④9
⑤4　⑥6
⑦7　⑧4
⑨9　⑩8

2
①1　②5
③3　④8
⑤2　⑥2
⑦4　⑧0
⑨7　⑩5

5 わり算④

1
①6　②7
③3　④5
⑤2　⑥8
⑦4　⑧4
⑨0　⑩9

2
①4　②8
③2　④9
⑤9　⑥9
⑦6　⑧3
⑨8　⑩1

6 大きい数のわり算

1
①10　②10
③10　④10
⑤10　⑥20
⑦30　⑧20

⑨30　⑩20

2
①14　②22
③13　④13
⑤12　⑥43
⑦21　⑧21
⑨11　⑩23

7 たし算の筆算①

1
①959　②880　③851　④747
⑤623　⑥912　⑦852　⑧1370
⑨1540　⑩1003

2

①
$$\begin{array}{r} 579 \\ +321 \\ \hline 900 \end{array}$$

②
$$\begin{array}{r} 365 \\ +\ 47 \\ \hline 412 \end{array}$$

③
$$\begin{array}{r} 478 \\ +965 \\ \hline 1443 \end{array}$$

④
$$\begin{array}{r} 35 \\ +978 \\ \hline 1013 \end{array}$$

8 たし算の筆算②

1
①686　②997　③914　④844
⑤831　⑥710　⑦721　⑧1563
⑨1334　⑩1025

2

①
$$\begin{array}{r} 429 \\ +473 \\ \hline 902 \end{array}$$

②
$$\begin{array}{r} 489 \\ +886 \\ \hline 1375 \end{array}$$

③
$$\begin{array}{r} 212 \\ +788 \\ \hline 1000 \end{array}$$

④
$$\begin{array}{r} 942 \\ +\ 69 \\ \hline 1011 \end{array}$$

9 たし算の筆算③

1
①592　②971　③979　④244
⑤582　⑥772　⑦403　⑧1710
⑨1304　⑩1004

2

①
$$\begin{array}{r} 695 \\ +\ \ 6 \\ \hline 701 \end{array}$$

②
$$\begin{array}{r} 897 \\ +394 \\ \hline 1291 \end{array}$$

③
$$\begin{array}{r} 947 \\ +\ 89 \\ \hline 1036 \end{array}$$

④
$$\begin{array}{r} 97 \\ +906 \\ \hline 1003 \end{array}$$

10 たし算の筆算④

1 ①791　②612　③452　④849　⑤817　⑥714　⑦813　⑧1651　⑨1813　⑩1065

2
① 25 ＋776 ＝801
② 579 ＋892 ＝1471
③ 657 ＋545 ＝1202
④ 992 ＋9 ＝1001

11 ひき算の筆算①

1 ①121　②249　③648　④226　⑤191　⑥457　⑦61　⑧244　⑨118　⑩23

2
① 440 －279 ＝161
② 212 －46 ＝166
③ 708 －19 ＝689
④ 900 －414 ＝486

12 ひき算の筆算②

1 ①130　②105　③112　④59　⑤172　⑥570　⑦156　⑧589　⑨347　⑩104

2
① 331 －237 ＝94
② 803 －608 ＝195
③ 700 －5 ＝695
④ 1000 －738 ＝262

13 ひき算の筆算③

1 ①501　②656　③423　④739　⑤431　⑥180　⑦61　⑧155　⑨566　⑩714

2
① 895 －699 ＝196
② 502 －493 ＝9

③ 400 －8 ＝392
④ 1000 －57 ＝943

14 ひき算の筆算④

1 ①372　②129　③128　④27　⑤585　⑥190　⑦62　⑧629　⑨788　⑩561

2
① 920 －722 ＝198
② 806 －719 ＝87
③ 800 －711 ＝89
④ 700 －69 ＝631

15 4けたの数のたし算の筆算

1 ①8624　②5948　③6364　④8794　⑤8807　⑥7829　⑦6273　⑧6906　⑨9132

2
① 1929 ＋5165 ＝7094
② 8357 ＋368 ＝8725
③ 7938 ＋1192 ＝9130
④ 48 ＋4782 ＝4830

16 4けたの数のひき算の筆算

1 ①3213　②21　③5028　④924　⑤598　⑥8992　⑦3288　⑧2793　⑨6167

2
① 4037 －1635 ＝2402
② 8183 －3505 ＝4678
③ 5501 －2862 ＝2639
④ 8007 －58 ＝7949

17 たし算の暗算

1 ①44　②79　③59　④88　⑤88　⑥83　⑦80　⑧60　⑨70　⑩60

2 ①46　②92　③93　④85　⑤81　⑥61　⑦87　⑧74　⑨107　⑩126

18 ひき算の暗算

1
①21 ②13
③27 ④21
⑤44 ⑥39
⑦20 ⑧50
⑨36 ⑩25

2
①38 ②37
③59 ④38
⑤13 ⑥17
⑦28 ⑧78
⑨44 ⑩27

19 あまりのあるわり算①

1
①3あまり1 ②2あまり2
③7あまり2 ④5あまり6
⑤8あまり5 ⑥3あまり4
⑦5あまり5 ⑧4あまり1
⑨9あまり1 ⑩5あまり5

2
①3あまり2 ②2あまり5
③8あまり3 ④9あまり4
⑤9あまり4 ⑥4あまり1
⑦4あまり3 ⑧1あまり7
⑨6あまり3 ⑩8あまり7

20 あまりのあるわり算②

1
①1あまり6 ②6あまり6
③9あまり1 ④3あまり3
⑤5あまり1 ⑥4あまり6
⑦5あまり2 ⑧6あまり2
⑨7あまり3 ⑩2あまり4

2
①9あまり3 ②2あまり2
③7あまり7 ④6あまり4
⑤7あまり3 ⑥7あまり1
⑦8あまり4 ⑧4あまり2
⑨5あまり7 ⑩2あまり2

21 あまりのあるわり算③

1
①7あまり5 ②1あまり3
③5あまり2 ④2あまり6
⑤2あまり4 ⑥6あまり3
⑦6あまり1 ⑧7あまり3
⑨4あまり4 ⑩3あまり4

2
①6あまり7 ②3あまり3
③7あまり4 ④8あまり1
⑤8あまり2 ⑥5あまり4
⑦8あまり4 ⑧1あまり1
⑨8あまり1 ⑩3あまり3

22 何十・何百のかけ算

1
①60 ②80
③640 ④210
⑤140 ⑥540
⑦360 ⑧240
⑨300 ⑩560

2
①400 ②900
③4500 ④2400
⑤1800 ⑥3500
⑦1600 ⑧6300
⑨4800 ⑩2000

23 （2けた）×（1けた）の筆算①

1
①48 ②80 ③96 ④98
⑤246 ⑥546 ⑦584 ⑧288
⑨112 ⑩100

2
①
```
    2 4
×     3
    7 2
```
②
```
    4 2
×     4
  1 6 8
```
③
```
    3 3
×     9
  2 9 7
```
④
```
    3 4
×     3
  1 0 2
```

24 （2けた）×（1けた）の筆算②

1
①77 ②90 ③96 ④51
⑤408 ⑥129 ⑦192 ⑧266
⑨105 ⑩414

2
①
```
    1 4
×     6
    8 4
```
②
```
    8 1
×     7
  5 6 7
```
③
```
    2 4
×     8
  1 9 2
```
④
```
    8 5
×     6
  5 1 0
```

25 （2けた）×（1けた）の筆算③

1
①48 ②80 ③90 ④72
⑤216 ⑥155 ⑦396 ⑧776
⑨117 ⑩300

2
①
```
    4 8
×     2
    9 6
```
②
```
    2 0
×     6
  1 2 0
```
③
```
    2 3
×     8
  1 8 4
```
④
```
    3 8
×     9
  3 4 2
```

26 （2けた）×（1けた）の筆算④

1 ①82　②60　③45　④56
⑤166　⑥455　⑦475　⑧282
⑨204　⑩228

2
①
```
    2 9
×     3
    8 7
```
②
```
    5 4
×     2
  1 0 8
```
③
```
    5 5
×     9
  4 9 5
```
④
```
    2 5
×     8
  2 0 0
```

27 （3けた）×（1けた）の筆算①

1 ①286　②699　③1484　④2448
⑤684　⑥1894　⑦1335　⑧2574
⑨608　⑩2450

2
①
```
    3 1 2
×       3
    9 3 6
```
②
```
    5 2 5
×       3
  1 5 7 5
```
③
```
    4 9 1
×       6
  2 9 4 6
```
④
```
    6 0 7
×       4
  2 4 2 8
```

28 （3けた）×（1けた）の筆算②

1 ①484　②963　③1646　④1539
⑤654　⑥2172　⑦592　⑧2048
⑨3563　⑩2080

2
①
```
    2 1 4
×       2
    4 2 8
```
②
```
    5 1 8
×       4
  2 0 7 2
```
③
```
    5 6 1
×       5
  2 8 0 5
```
④
```
    2 0 5
×       2
    4 1 0
```

29 かけ算の暗算

1 ①55　②84
③86　④96
⑤82　⑥39
⑦68　⑧62
⑨129　⑩156

2 ①52　②51
③60　④98
⑤92　⑥84
⑦54　⑧96
⑨75　⑩76

30 小数のたし算・ひき算

1 ①0.5　②0.9
③1　④1
⑤2.8　⑥1.3
⑦1.1　⑧1.5
⑨1.1　⑩1.3

2 ①0.1　②0.3
③0.9　④0.3
⑤1.1　⑥1
⑦0.8　⑧0.9
⑨0.7　⑩0.9

31 小数のたし算の筆算

1 ①3.6　②5.8　③3.6　④4.2
⑤9.3　⑥6.1　⑦6.3　⑧9.4
⑨13.9　⑩8

2
①
```
    1.3
+   7.4
    8.7
```
②
```
    7.8
+   2.9
  1 0.7
```
③
```
    8
+   4.1
  1 2.1
```
④
```
    5.6
+   3.4
    9.0
```

32 小数のひき算の筆算

1 ①2.1　②5.5　③2.7　④2.8
⑤4.6　⑥1.8　⑦1.9　⑧4
⑨0.3　⑩0.8

2
①
```
    7
-   1.5
    5.5
```
②
```
    9.8
-   7
    2.8
```
③
```
    4.2
-   1.2
    3.0
```
④
```
  1 0.3
-   9.4
    0.9
```

33 分数のたし算・ひき算

1 ①$\frac{2}{3}$

②$\frac{2}{4}$

③$\frac{3}{5}$

④$\frac{4}{7}$

⑤$\frac{9}{10}$

⑥$\frac{3}{8}$

⑦$1\left(\frac{4}{4}\right)$

⑧$1\left(\frac{6}{6}\right)$

2 ① $\dfrac{1}{5}$　　　　② $\dfrac{2}{6}$

③ $\dfrac{1}{4}$　　　　④ $\dfrac{3}{8}$

⑤ $\dfrac{3}{9}$　　　　⑥ $\dfrac{3}{7}$

⑦ $\dfrac{5}{8}$　　　　⑧ $\dfrac{3}{10}$

34 何十をかけるかけ算

1 ①80　②90
③100　④480
⑤560　⑥300
⑦270　⑧280
⑨450　⑩240

2 ①880　②840
③690　④390
⑤840　⑥1600
⑦2100　⑧1200
⑨4000　⑩3600

35 （2けた）×（2けた）の筆算①

1 ①156　②195　③525　④512
⑤1003　⑥1216　⑦2847　⑧3230
⑨5120　⑩1260

2
①　　91
　×26
　546
　182
　2366

②　　47
　×39
　423
　141
　1833

③　　82
　×25
　410
　164
　2050

36 （2けた）×（2けた）の筆算②

1 ①286　②527　③552　④546
⑤1116　⑥7636　⑦3525　⑧5590
⑨3510　⑩1280

2
①　　31
　×61
　　31
　186
　1891

②　　87
　×36
　522
　261
　3132

③　　35
　×84
　140
　280
　2940

37 （2けた）×（2けた）の筆算③

1 ①294　②182　③884　④375
⑤1184　⑥2964　⑦4005　⑧4560
⑨3850　⑩5520

2
①　　47
　×36
　282
　141
　1692

②　　58
　×79
　522
　406
　4582

③　　25
　×46
　150
　100
　1150

38 （2けた）×（2けた）の筆算④

1 ①168　②976　③775　④799
⑤1104　⑥1472　⑦6762　⑧2850
⑨2030　⑩1920

2
①　　52
　×47
　364
　208
　2444

②　　79
　×87
　553
　632
　6873

③　　45
　×32
　　90
　135
　1440

39 （3けた）×（2けた）の筆算①

1 ①2769　②7967　③12136　④24893
⑤12870　⑥19320　⑦26880　⑧7500
⑨35872　⑩10370

2
①　　234
　×　68
　1872
　1404
　15912

②　　725
　×　44
　2900
　2900
　31900

③　　508
　×　80
　40640

40 （3けた）×（2けた）の筆算②

1 ①9913　②1946　③34112　④14184
⑤24075　⑥16560　⑦27120　⑧16000
⑨20394　⑩58349

2
①　　517
　×　99
　4653
　4653
　51183

②　　382
　×　45
　1910
　1528
　17190

③　　108
　×　90
　9720

教科書ぴったりトレーニング はなまるシール

- ふろくの「がんばり表」に使おう！
- はじめに、キミのおとも犬を選んで、がんばり表にはろう！
- 学習が終わったら、がんばり表に「はなまるシール」をはろう！
- 余ったシールは自由に使ってね。

キミのおとも犬

元気いっぱい お肉大好き！
つっこみ役 みんなの世話係
ちょっとこわがり 最年少
おっとり 読書好き
やさしくて物知り みんなの先生

はなまるシール

すごい！
いいね！
集中!!
その調子！
できる！
ナイス！
むずかしい…
がんばろう！
もう1回!!
よくできたね！

国語
理科
英語
算数
社会

ごほうびシール

よくできました

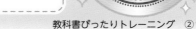

教科書ぴったりトレーニング

算数 3年 がんばり表

いつも見えるところに、この「がんばり表」をはっておこう。
この「ぴたトレ」を学習したら、シールをはろう！
どこまでがんばったかわかるよ。

すきななまえをつけてね！

なまえ

ぴた犬
（おとも犬）
シールを
はろう

シールの中からすきなぴた犬をえらぼう。

---

4. たし算とひき算
① 3けたのたし算　③ 大きい数の計算
② 3けたのひき算　④ 計算のくふう

32〜33ページ	30〜31ページ	28〜29ページ	26〜27ページ	24〜25ページ
ぴったり❸	ぴったり❶❷	ぴったり❶❷	ぴったり❶❷	ぴったり❶❷
できたらシールをはろう	できたらシールをはろう	できたらシールをはろう	できたらシールをはろう	できたらシールをはろう

★倍の計算

22〜23ページ
できたらシールをはろう

3. わり算
① 1つ分の数をもとめる計算　③ 1や0のわり算
② いくつ分をもとめる計算　④ 計算のきまりを使って

20〜21ページ	18〜19ページ	16〜17ページ	14〜15ページ
ぴったり❸	ぴったり❶❷	ぴったり❶❷	ぴったり❶❷
できたらシールをはろう	できたらシールをはろう	できたらシールをはろう	できたらシールをはろう

2. 時こくと時間
① 時こくと時間のもとめ方
② 短い時間

12〜13ページ	10〜11ページ	8〜9ページ
ぴったり❸	ぴったり❶❷	ぴったり❶❷
できたらシールをはろう	できたらシールをはろう	できたらシールをはろう

1. かけ算
① かけ算のきまり　③ 10のかけ算
② 0のかけ算

6〜7ページ	4〜5ページ	2〜3ページ
ぴったり❸	ぴったり❶❷	ぴったり❶❷
できたらシールをはろう	できたらシールをはろう	できたらシールをはろう

スタート

---

5. 表とグラフ
① 表
② ぼうグラフ
③ くふうした表

34〜35ページ	36〜37ページ	38〜39ページ
ぴったり❶❷	ぴったり❶❷	ぴったり❶❷
できたらシールをはろう	できたらシールをはろう	できたらシールをはろう

6. 長さ
① はかり方
② キロメートル

40〜41ページ	42〜43ページ
ぴったり❶❷	ぴったり❶❷
できたらシールをはろう	できたらシールをはろう

7. 円と球
① 円
② 球

44〜45ページ	46〜47ページ
ぴったり❶❷	ぴったり❶❷
できたらシールをはろう	できたらシールをはろう

8. あまりのあるわり算
① あまりのあるわり算
② いろいろな問題

48〜49ページ	50〜51ページ	52〜53ページ
ぴったり❶❷	ぴったり❶❷	ぴったり❸
できたらシールをはろう	できたらシールをはろう	できたらシールをはろう

9. (2けた)×(1けた)
の計算

54ページ	55ページ
ぴったり❶❷	ぴったり❸
できたらシールをはろう	できたらシールをはろう

10. 1けたをかけるかけ算
① 何十、何百のかけ算　④ 暗算
② (2けた)×(1けた)の計算
③ (3けた)×(1けた)の計算

56〜57ページ	58〜59ページ	60〜61ページ
ぴったり❶❷	ぴったり❶❷	ぴったり❸
できたらシールをはろう	できたらシールをはろう	できたらシールをはろう

---

15. 分数
① 分数
② 分数のしくみ
③ 分数のたし算とひき算

90〜91ページ	88〜89ページ
ぴったり❶❷	ぴったり❸
できたらシールをはろう	できたらシールをはろう

14. 2けたをかけるかけ算
① 何十をかけるかけ算　④ 暗算
② (2けた)×(2けた)の計算
③ (3けた)×(2けた)の計算

86〜87ページ	84〜85ページ	82〜83ページ
ぴったり❸	ぴったり❶❷	ぴったり❶❷
できたらシールをはろう	できたらシールをはろう	できたらシールをはろう

13. 三角形と角
① 二等辺三角形と正三角形
② 三角形のかき方
③ 三角形と角

80〜81ページ	78〜79ページ	76〜77ページ
ぴったり❸	ぴったり❶❷	ぴったり❶❷
できたらシールをはろう	できたらシールをはろう	できたらシールをはろう

12. 小数
① はしたの表し方
② 小数のしくみ
③ 小数のたし算とひき算

74〜75ページ	72〜73ページ	70〜71ページ	68〜69ページ
ぴったり❸	ぴったり❶❷	ぴったり❶❷	ぴったり❶❷
できたらシールをはろう	できたらシールをはろう	できたらシールをはろう	できたらシールをはろう

11. 大きい数
① 千の位をこえる数　③ 10倍、100倍、1000倍の数と10でわった数
② 大きい数のしくみ　④ 大きい数のたし算とひき算

66〜67ページ	64〜65ページ	62〜63ページ
ぴったり❸	ぴったり❶❷	ぴったり❶❷
できたらシールをはろう	できたらシールをはろう	できたらシールをはろう

---

16. 重さ
① 重さの表し方　③ 小数で表された重さ　⑤ 重さの計算
② りょうのたんい　④ もののかさと重さ

92〜93ページ	94〜95ページ	96〜97ページ	98〜99ページ	100〜101ページ
ぴったり❶❷	ぴったり❸	ぴったり❶❷	ぴったり❶❷	ぴったり❶❷
できたらシールをはろう	できたらシールをはろう	できたらシールをはろう	できたらシールをはろう	できたらシールをはろう

17. □を使った式
の活用

102〜103ページ	104〜105ページ
ぴったり❶❷	ぴったり❶❷
できたらシールをはろう	できたらシールをはろう

18. しりょう
の活用

106〜107ページ
ぴったり❶❷
できたらシールをはろう

19. そろばん
① 数の表し方
② たし算とひき算

108〜109ページ
ぴったり❶❷
できたらシールをはろう

20. 3年の
まとめ

110〜111ページ
できたらシールをはろう

★プログラ
ミングのプ

112ページ
プログラミング
できたらシールをはろう

ゴール

さいごまで
がんばったキミは
「ごほうびシール」
をはろう！

教科書ぴったり トレーニングの使い方

『ぴたトレ』は教科書にぴったり合わせて使うことができるよ。教科書も見ながら、勉強していこうね。ぴた犬たちが勉強をサポートするよ。

ふだんの学習

ぴったり1 じゅんび

教科書のだいじなところをまとめていくよ。
◎ねらい でどんなことを勉強するかわかるよ。
問題に答えながら、わかっているかかくにんしよう。
QRコードから「3分でまとめ動画」が見られるよ。

※QRコードは株式会社デンソーウェーブの登録商標です。

ぴったり2 練習

「ぴったり1」で勉強したことが身についているかな？かくにんしながら、練習問題に取り組もう。

★できた問題には、「た」をかこう！★
できた ① ② ③ ④

ぴったり3 たしかめのテスト

「ぴったり1」「ぴったり2」が終わったら取り組んでみよう。
学校のテストの前にやってもいいね。
わからない問題は、 ふりかえり を見て前にもどってかくにんしよう。

実力チェック

- 夏のチャレンジテスト
- 冬のチャレンジテスト
- 春のチャレンジテスト
- 3年 算数のまとめ 学力しんだんテスト

夏休み、冬休み、春休み前に使いましょう。
学期の終わりや学年の終わりのテストの前にやってもいいね。

ふだんの学習が終わったら、「がんばり表」にシールをはろう。

別冊

答えとてびき

うすいピンク色のところには「答え」が書いてあるよ。取り組んだ問題の答え合わせをしてみよう。わからなかった問題やまちがえた問題は、右の「てびき」を読んだり、教科書を読み返したりして、もう一度見直そう。

もくじ

算数3年
学校図書版
みんなと学ぶ小学校算数

教科書ぴったり
トレーニング

▶ 3分でまとめ動画

巻末	夏のチャレンジテスト／冬のチャレンジテスト／春のチャレンジテスト／学力しんだんテスト	とりはずして
別冊	答えとてびき	お使いください

ぴったり① じゅんび

3分でまとめ

① かけ算のきまり

教科書 上 12〜19ページ　　答え 1ページ

✏ 次の◯にあてはまる数を書きましょう。

🎯 ねらい　かけ算のきまりがわかるようにしよう。　　練習 ① ② ③ ④ →

🐾 かけ算のきまり

【交かんのきまり】　　　　　　$8 \times 3 = 3 \times 8$

【かける数と答えのきまり】　$7 \times 5 = 7 \times 4 + 7$

かける数が1ふえると、答えは、かけられる数だけふえます。

$9 \times 6 = 9 \times 7 - 9$

かける数が1へると、答えは、かけられる数だけへります。

【分配のきまり】

$5 \times 4 \begin{cases} 3 \times 4 \\ 2 \times 4 \end{cases}$

かけられる数を分けて計算しても、答えは同じになります。

$5 \times 4 \begin{cases} 5 \times 1 \\ 5 \times 3 \end{cases}$

かける数を分けて計算しても、答えは同じになります。

【けつ合のきまり】　　$(4 \times 2) \times 5 = 4 \times (2 \times 5)$

かけるじゅんじょをかえて計算しても、答えは同じになります。

---

1 次の◯にあてはまる数をもとめましょう。

(1)　$8 \times 6 = 8 \times 5 +$ ◯

(2)　8×9 の答えは、5×9 と◯$\times 9$ の
　　答えを合わせた数です。

(3)　$(3 \times 2) \times 4 = 3 \times$ ◯

＝を、等号というよ。
式や数の大きさが
等しいときにも使うよ。

とき方　(1)　かける数が1ふえているので、答えは、かけられる数の

◯ふえます。

$8 \times \underline{6} = 8 \times \underline{5} +$ ◯

(2)　かけられる数を分けて計算しても、答えは同じになります。（分配のきまり）

8は、5と◯に分けられるから、

8×9 の答えは、5×9 と◯$\times 9$ の答えを合わせた数です。

(3)　けつ合のきまりを使います。

かけるじゅんじょをかえて計算しても、答えは同じだから、

$(3 \times 2) \times 4 = 3 \times (2 \times 4)$

　　　　　　　$= 3 \times$ ◯

（　）は、その中を
先に計算するしるし
だったね。

教科書 上 12〜19 ページ　　答え 1 ページ

1 次の □ にあてはまる数を書きましょう。

教科書 16〜17 ページ **3**

① 7×8＝8×□

② □×9＝9×6

2 次の □ にあてはまる数を書きましょう。

教科書 16〜18 ページ **3**

① 3×4 は、3×3 より □ 大きい。

② 3×4 は、3×5 より □ 小さい。

③ 8×7＝8×□＋8

④ 5×□＝5×6−5

🔍 よくみて

3 次の □ にあてはまる数を書きましょう。

教科書 16〜18 ページ **3**

① 6×7 ＜ 4 ×7＝ 28
　　　　　 □ ×7＝□
　　　　合わせて □

② 9×8 ＜ 9× 5 ＝□
　　　　　 9×□＝ 27
　　　　合わせて □

4 次の □ にあてはまる数を書きましょう。

教科書 18〜19 ページ **4**

① (4×2)×3＝4×(2×□)

② (5×3)×4＝5×(□×4)

③ 15×2＝(5×□)×2
　　　　 ＝5×(□×2)
　　　　 ＝5×□

かけ算では、
じゅんじょを
かえて計算しても
答えは同じだね。

ヒント　**4** ③ 答えが 15 になる 5 のだんの九九を見つけて、けつ合のきまり
　　　　を使います。

3

ぴったり **1**
じゅんび

① かけ算
② **0のかけ算**
③ **10のかけ算**

学習日

月　　日

📖 教科書　上 20〜22 ページ　　▶ 答え　2 ページ

✏ 次の ◯ にあてはまる数を書きましょう。

🎯 **ねらい**　0のかけ算ができるようにしよう。

練習 **1** →

🐾 **0のかけ算**

どんな数に0をかけても、答えは0です。
また、0にどんな数をかけても、答えは0です。

┌─────────────────────┐
│ ■×0=0 │
│ 0×▲=0　　0×0=0 │
└─────────────────────┘

1 (1)　8×0　　(2)　0×2　　(3)　0×0　を計算しましょう。

とき方 (1)　どんな数に0をかけても、答えは0です。

8×0= ◯

(2)　0にどんな数をかけても、答えは0です。

0×2= ◯

(3)　どんな数に0をかけても、
0にどんな数をかけても、答えは0です。

0×0= ◯

■×0や
0×▲の答えは、
いつも0になるね。

🎯 **ねらい**　10のかけ算ができるようにしよう。

練習 **2 3** →

🐾 **10のかけ算**

10のかけ算は、かけ算のきまりを使ってもとめられます。

2 (1)　4×10　　(2)　10×6　を計算しましょう。

とき方 (1)　かける数が1ふえると、答えは、かけられる数だけふえるから、

4× 9 ＝ 36

1ふえる ↓　　　4ふえる

4×10= ◯

かける数と答えのきまり

(2)　10を、7と3に分けて計算すると、← 分配のきまり

10×6 ⟨ 7×6= ◯
3×6= ◯

合わせて ◯

(1)は(2)のとき方、
(2)は(1)のとき方
でももとめられ
るよ。

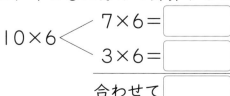

ぴったり2
練習

📖 教科書　上 20〜22 ページ　✏ 答え　2 ページ

1 次の計算をしましょう。

教科書 20〜21 ページ **1**

① 4×0　　　　② 7×0　　　　③ 1×0

④ 0×3　　　　⑤ 0×9　　　　⑥ 0×0

2 次の ☐ にあてはまる数を書きましょう。

教科書 22 ページ **1**

① 6×10＝6×9＋☐ ＝☐

② 4×10＝4×9＋☐ ＝☐

③ 10×4＝4×10＝☐

④ 10×8 ⎰ 4 ×8＝ 32
　　　　　⎱ ☐ ×8＝☐
　　　　　　合わせて ☐

⑤ 2×10 ⎰ 2× 2 ＝ 4
　　　　　⎱ 2×☐ ＝☐
　　　　　　合わせて ☐

3 次の計算をしましょう。

教科書 22 ページ **1**

① 3×10　　　　② 7×10　　　　③ 9×10

！まちがい注意

④ 10×7　　　　⑤ 10×10

いろいろな
もとめ方があるよ。

 　③ ⑤ 10×10 は、10×9 より 10 大きくなります。
　　　　　10×10 は、5×10 と 5×10 を合わせてももとめられます。

5

ぴったり3
たしかめのテスト

① かけ算

時間 30 分

／100
ごうかく 80 点

教科書 上 12〜24 ページ ⟩ 答え 2〜3 ページ ⟩

知識・技能 ／72点

1 よく出る 次の ⬜ にあてはまる数を書きましょう。　全部できて　1問6点（24点）

① $6 \times 9 = \boxed{} \times 6$

② 8×7
$\begin{cases} 5 \times 7 = \boxed{} \\ \boxed{} \times 7 = 21 \end{cases}$
合わせて $\boxed{}$

③ $9 \times 6 = 9 \times 7 - \boxed{}$

④ $(5 \times 2) \times 3 = 5 \times (\boxed{} \times 3)$

2 よく出る 次の計算をしましょう。　1つ6点（36点）

① 0×5　　　　　② 8×0

③ 10×6　　　　④ 3×10

⑤ $(7 \times 2) \times 3$　　⑥ $(5 \times 4) \times 2$

③ 次のカードの中に、答えが 40 になるものが 2 つあります。
どれとどれですか。⑦〜⑰の記号で答えましょう。

1つ6点(12点)

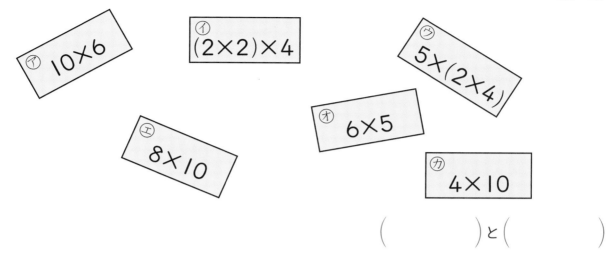

（　　　　　）と（　　　　　）

---

④ 子どもが、7人ずつ 10 列にならんでいます。
子どもは、全部で何人いますか。

式・答え　1つ7点(14点)

式

答え（　　　　　　）

できたらスゴイ!

⑤ おはじきで点取りゲームをしました。おはじきを 12 こはじいて、点数が書いて
あるところに何こ入ったかで、とく点を決めます。
ゆうかさんのとく点の合計は、何点ですか。

式・答え　1つ7点(14点)

ゆうかさんのとく点

点数（点）	0	3	6	10	合計
おはじきの数（こ）	4	5	0	3	12
とく点（点）					

式

答え（　　　　　　）

ふりかえり　❶がわからないときは、2ページの❶にもどってみよう。

ふろくの「計算せんもんドリル」1 もやってみよう！

ぴったり **1**
じゅんび
3分でまとめ

2 時こくと時間

① 時こくと時間のもとめ方

学習日　　月　　日

教科書　上 26〜31 ページ　　答え　3 ページ

✏ 次の ▢ にあてはまる数や時こくを書きましょう。

🎯 **ねらい** 後の時こくや前の時こくがもとめられるようにしよう。　　練習 **①②**→

🐾 **数の線のり用**

　時間や時こくを数の線におきかえて、後の時こくや前の時こくを考えます。

　午前9時30分の40分後の時こくは、30分間で午前10時、10分間で午前10時10分だから、午前10時10分です。

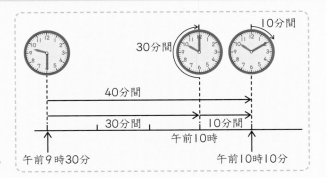

1 午前8時20分の50分後の時こくをもとめましょう。

とき方

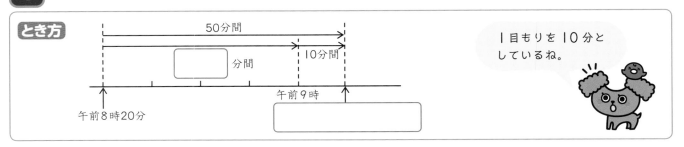

午前8時20分

1目もりを10分としているね。

🎯 **ねらい** 時こくや時間のたし算とひき算ができるようにしよう。　　練習 **③④**→

🐾 **時こくと時間の筆算のしかた**

⭐「時」、「分」をそろえて書き、「分」から計算します。

⭐たし算では、「分」の計算が60分になったら、「時」に1時間くり上げます。

⭐ひき算では、「分」の計算がひけないときは、「時」から1時間くり下げます。

2 次の時こくや時間を、筆算でもとめましょう。
(1) 午前8時20分の2時間40分後は、何時何分ですか。
(2) 午前8時20分から午前10時10分までの時間は、何時間何分ですか。

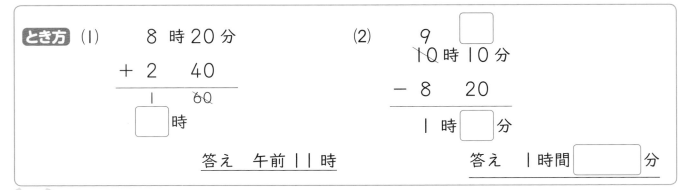

とき方 (1)
```
    8 時 20 分
+   2    40
  1    60
  ▢ 時
```
答え　午前11時

(2)
```
    9  ▢
   10 時 10 分
-   8    20
  1 時 ▢ 分
```
答え　1時間 ▢ 分

教科書　上 26〜31 ページ　答え　3 ページ

1 次の時こくや時間をもとめましょう。　　　教科書 27〜28 ページ **1**

① 午前 10 時 40 分の 50 分後の時こく。

（　　　　　　　　　　　）

② 午後 4 時 10 分の 1 時間 30 分後の時こく。

（　　　　　　　　　　　）

③ 午前 8 時 30 分から午前 9 時 20 分までの時間。

（　　　　　　　　　　　）

④ 午後 1 時 10 分から午後 2 時 40 分までの時間。

（　　　　　　　　　　　）

2 次の時こくをもとめましょう。　　　教科書 29 ページ **2**

① 午前 11 時 20 分の 40 分前の時こく。

（　　　　　　　　　　　）

② 午後 5 時 40 分の 1 時間 30 分前の時こく。

（　　　　　　　　　　　）

3 午前 8 時 50 分に車で家を出て、午前 11 時 30 分におじさんの家に着きました。車に乗っていた時間は、何時間何分ですか。式に書いてもとめましょう。

教科書 30 ページ ▶、31 ページ **3**

式

答え（　　　　　　　　　　　）

！まちがい注意

4 午後 1 時 30 分に遊園地に入ってから、4 時間 40 分遊園地にいました。遊園地を出た時こくを、式に書いてもとめましょう。　　　教科書 31 ページ ▶

式

答え（　　　　　　　　　　　）

ヒント ③ 11 時 30 分から 8 時 50 分をひいてもとめます。筆算で計算しましょう。
④ 1 時 30 分に 4 時間 40 分をたしてもとめます。筆算で計算しましょう。

🖊 次の□にあてはまる数や記号を書きましょう。

ねらい 分と秒のかんけいがわかるようにしよう。　　　　練習 1→

🐾 秒

1分より短い時間のたんいに、**秒**があります。

秒をはかるには、ストップウォッチを使うとべんりだよ。

┌─────────────┐
│ 1分＝60秒 │
└─────────────┘

1 次の□にあてはまる数を書きましょう

(1)　1分 40 秒＝□秒　　　　　　(2)　80 秒＝□分□秒

┌──┐
│ **とき方**　1分＝60 秒です。 │
│ (1)　1分 40 秒は、1分と 40 秒。 │
│ 　　1分＝60 秒だから、60 秒と□秒で□秒。 │
│ (2)　80 秒は、①□秒と 20 秒。 │
│ 　　60 秒＝1分だから、②□分と 20 秒で③□分④□秒。 │
└──┘

ねらい 分と秒がまじった時間を、くらべたり計算できるようにしよう。　　練習 2→

🐾 分と秒がまじった時間

分と秒がまじっていても、秒や何分何秒にそろえれば、くらべたり、計算したりできます。

2　あ1分 23 秒と○85 秒では、どちらが長いですか。

┌──┐
│ **とき方** │
│ 　1分＝60 秒です。 │
│ 　秒にそろえると、 │
│ 　1分 23 秒＝60 秒＋23 秒＝□秒 │
│ 　83□85 だから、□の方が長いです。 │
│ 　　＜、＞、　　　　　　　あ、○の記号を書こう。 │
│ 　　＝の記号を書こう。 │
└──┘

考え方は、「時」と「分」のときと同じだね。

教科書　上 32～33 ページ　答え　4 ページ

① 次の ☐ にあてはまる数を書きましょう。

教科書 33 ページ ②

① 2分 = ☐ 秒

② 1分 30 秒 = ☐ 秒

③ 70 秒 = ☐ 分 ☐ 秒

④ 60 秒のいくつ分かな？

④ 240 秒 = ☐ 分

② おふろのお湯に入っていた時間をはかってみました。
右の表は、それをまとめたものです。

教科書 33 ページ ②

① いちばん長く入っていたのはだれですか。

（　　　　　　　　）

かいと	110 秒
そうた	1分 38 秒
ゆうき	1分 45 秒

② いちばん短く入っていたのはだれですか。

（　　　　　　　　）

！まちがい注意
③ かいとさんとそうたさんでは、どちらがどれだけ長く入っていましたか。
式

答え（　　　　　　　　　　　　　　　　）

④ 3人が入っていた時間の合計をもとめましょう。
式

答え（　　　　　　　　　　）

ヒント
② ①② 秒にそろえてくらべます。
③④ 「時」と「分」のときのように、筆算で計算することもできます。

11

❷ 時こくと時間

時間 **30** 分

／100

ごうかく **80** 点

📖 教科書 上 26〜34 ページ ✏ 答え 4〜5 ページ

知識・技能 ／50点

1 よく出る 次の時こくをもとめましょう。 1つ5点(10点)

① 午前 8 時 40 分の 40 分後の時こく。

( )

② 午後 2 時 55 分の I 時間 I0 分後の時こく。

( )

2 よく出る 次の時間をもとめましょう。 1つ5点(10点)

① 午前 6 時 50 分から午前 8 時 20 分までの時間。

( )

② 午後 3 時 15 分から午後 6 時 25 分までの時間。

( )

3 よく出る 次の時こくをもとめましょう。 1つ5点(10点)

① 午前 I0 時 I0 分の 55 分前の時こく。

( )

② 午後 4 時 25 分の I 時間 40 分前の時こく。

( )

4 よく出る 次の ☐ にあてはまる数を書きましょう。 1つ5点(20点)

① I 分 = ☐ 秒

② I 分 25 秒 = ☐ 秒

③ I00 秒 = ☐ 分 ☐ 秒

④ I50 秒 = ☐ 分 ☐ 秒

思考・判断・表現 　　　　　　　　　　　　　　　　　　　　　　　　/50点

5 次の時間を、長いじゅんに記号で書きましょう。 （10点）

　ⓐ　114秒　　　ⓘ　1分35秒　　　ⓤ　98秒　　　ⓔ　2分

　　　　　　　　　　　（　　　　→　　　　→　　　　→　　　　）

6 よく出る あゆみさんは、土曜日に1時間50分、日曜日に1時間40分勉強をしました。

　2日間合わせて、何時間何分勉強しましたか。 　　式・答え　1つ5点(10点)

式

　　　　　　　　　　　　　　　　答え（　　　　　　　　　　）

7 家から駅まで行くのに45分かかります。

　午前9時20分の電車に乗るには、家を午前何時何分までに出なければなりませんか。 　　式・答え　1つ5点(10点)

式

　　　　　　　　　　　　　　　　答え（　　　　　　　　　　）

でき たらスゴイ！

8 午後1時45分にひこう場をとび立って、6時間25分後に目てき地のひこう場に着きました。

　目てき地のひこう場に着いたのは、午後何時何分でしたか。 　　式・答え　1つ10点(20点)

式

　　　　　　　　　　　　　　　　答え（　　　　　　　　　　）

ふりかえり 🐼 1 がわからないときは、8ページの 1 にもどってみよう。

ぴったり ① じゅんび

3分でまとめ

③ わり算

① 1つ分の数をもとめる計算

学習日　月　日

教科書　上36〜41ページ　答え　5ページ

次の⬚にあてはまる数を書きましょう。

◎ねらい わり算を使って、1つ分の数がもとめられるようにしよう。

練習 ❶❷❸→

🐾 わり算（1つ分をもとめる計算）

全部の数を何人かで同じ数ずつ分けるとき、1人分の数は、わり算の式で表すことができます。

全部の数 ÷ いくつ分 ＝ 1つ分の数
　　　　　　（人数）　　　（1人分の数）

1 次の問題の式を書き、1人分の数をもとめましょう。

(1)　8このあめを4人で同じ数ずつ分ける。

(2)　12このあめを3人で同じ数ずつ分ける。

とき方 (1)　右の図のように、1人分は2こになります。

式　　8 ÷ ⬚ ＝ 2
　　　　全部の数　　いくつ分　　1つ分

4人

答え　2こ

(2)　右の図のように、1人分は①⬚こになります。

式　②⬚ ÷ 3 ＝ ③⬚
　　　全部の数　　いくつ分　　1つ分

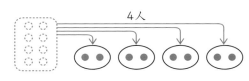

3人

答え　④⬚こ

2 次のわり算の答えは、何のだんの九九を使ってもとめることができますか。また、答えをもとめましょう。

(1)　12÷6　　　　　　　　　　(2)　56÷8

とき方 ●÷■の答えは、■のだんの九九を使ってもとめることができます。

(1)　⬚のだんの九九を使ってもとめます。

　　12÷6＝⬚

(2)　⬚のだんの九九を使ってもとめます。

　　56÷8＝⬚

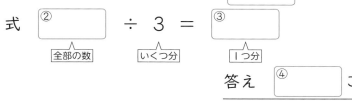

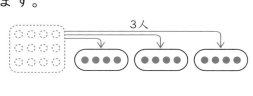

(1)　6×①＝6
　　　6×②＝⑫
(2)　8×?＝56

教科書 上36〜41ページ　答え 5ページ

1 次のわり算の答えは、何のだんの九九を使ってもとめることができますか。
また、答えをもとめましょう。

教科書 39〜41ページ **2**

①　10÷2　　　　　②　30÷6　　　　　③　24÷3

（　　　）のだん　　　（　　　）のだん　　　（　　　）のだん

答え（　　　）　　　答え（　　　）　　　答え（　　　）

④　18÷9　　　　　⑤　18÷3　　　　　⑥　25÷5

（　　　）のだん　　　（　　　）のだん　　　（　　　）のだん

答え（　　　）　　　答え（　　　）　　　答え（　　　）

⑦　48÷8　　　　　⑧　63÷7　　　　　⑨　81÷9

（　　　）のだん　　　（　　　）のだん　　　（　　　）のだん

答え（　　　）　　　答え（　　　）　　　答え（　　　）

2 ブロック18こを、6人で同じ数ずつ分けます。
1人分は何こになりますか。

教科書 39〜40ページ **2**

式

答え（　　　　　　　　）

🔍 よくみて

3 次の絵を見て、わり算の式になる問題を作りましょう。

教科書 41ページ **3**

牛にゅうが 30 dL あります。

ヒント ① ○÷□のわり算の答えは、□のだんの九九でもとめられます。

15

② いくつ分をもとめる計算

教科書　上 42〜47 ページ　答え　5 ページ

次の◯◯にあてはまる数を書きましょう。

◎ねらい　「いくつ分」も、わり算でもとめられることを理かいしよう。　　練習 ❶ ❷ ❸ →

🐾 いくつ分をもとめる計算

　全部の数を同じ数ずつ分けるとき、何人に分けられるかも、わり算の式で表すことができます。

全部の数 ÷ １つ分の数 ＝ いくつ分
　　　　　（１人分の数）　　　　（人数）

1　おかしが 15 こあります。
　　１人に３こずつ分けると、何人に分けられますか。

とき方　何人分も、わり算でもとめます。

15 ÷ ◯◯ ＝ ◯◯
全部の数　１つ分の数　いくつ分

答え ◯◯ 人

答えは
３のだんの九九で
もとめるよ。

2　人が 12 人います。次の問題に答えましょう。
（1）　4台の車に同じ人数ずつ乗ります。１台の車には何人乗りますか。
（2）　１台の車に4人ずつ乗ります。車は何台いりますか。

とき方　（1）　全部の数 ÷ いくつ分 ＝ １つ分の数

のわり算になります。

12 ÷ ◯◯ ＝ ◯◯

答え ◯◯ 人

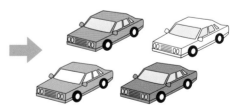

（2）　全部の数 ÷ １つ分の数 ＝ いくつ分

のわり算になります。

12 ÷ ◯◯ ＝ ◯◯

答え ◯◯ 台

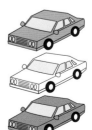

教科書　上 42〜47 ページ　　答え　6 ページ

1　おはじきが 42 こあります。

1 人に 6 こずつ分けると、何人に分けられますか。

教科書　42〜43 ページ **1**

式

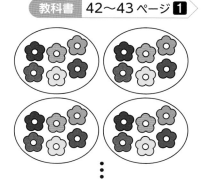

答え（　　　　　　　　）

2　牛にゅうが 18 dL あります。

1 このコップに 2 dL ずつ入れると、コップは何
こいりますか。　　　教科書　44 ページ **2**

式

18dL

1 ぱい分

答え（　　　　　　　　）

！まちがい注意

3　あめが 20 こあります。20÷5 の式
になる問題を、それぞれ次のように 2 つ作
りました。□ にあてはまる数やことば
を書きましょう。　　教科書　45 ページ **3**

20÷5 の
20 をわられる数、
5 をわる数というよ。

① 1 つ分の数をもとめる問題

あめ ⑦ □ こを、⑦ □ 人で同じ数ずつ分けます。

⑦ □ は、何こになりますか。

② いくつ分をもとめる問題

あめ ⑦ □ こを、1 人に ⑦ □ こずつ分けます。

⑦ □ に分けられますか。

ヒント　**3**　① 全部の数÷いくつ分＝1 つ分の数の式になる問題です。
　　　　② 全部の数÷1 つ分の数＝いくつ分の式になる問題です。

ぴったり **1**
じゅんび

3 わり算

③ 1や0のわり算
④ 計算のきまりを使って

学習日 　　月　　日

教科書 上 48〜50 ページ　答え 6 ページ

✏️ 次の ⬚ にあてはまる数を書きましょう。

🎯 **ねらい**　1や0のわり算ができるようにしよう。　練習 **①→**

🐾 **1のわり算**

⭐わられる数と、わる数が同じわり算の答えは1です。

⭐わる数が1のとき、答えはわられる数と同じです。

$$▲ ÷ ▲ = 1$$
$$▲ ÷ 1 = ▲$$

🐾 **0のわり算**

⭐0をどんな数でわっても、答えは0です。

$$0 ÷ ▲ = 0$$

1 　(1)　$8 ÷ 8$　　(2)　$5 ÷ 1$　　(3)　$0 ÷ 3$　を計算しましょう。

とき方　(1)　8を8つに分けた1つ分は ⬚ になります。

$$8 ÷ 8 = ⬚$$

(2)　5を1つずつに分けると ⬚ つ分できます。

$$5 ÷ 1 = ⬚$$

(3)　0このものを分けても ⬚ こだから、

$$0 ÷ 3 = ⬚$$

🎯 **ねらい**　九九でもとめられないわり算の答えを、いろいろな方ほうでもとめられるようにしよう。　練習 **②③→**

🐾 **九九でもとめられないわり算の答え**

　わられる数を、10をもとに考えたり、2つに分けたり、また、かけ算のきまりを使ったりして、もとめます。

2 　$48 ÷ 4$ の計算のしかたを考えましょう。

とき方　4のだんの九九のつづきを考えます。

$$4 × \boxed{9} = 36$$
$$4 × \boxed{10} = 40$$
$$4 × \boxed{11} = 44$$
$$4 × \boxed{③} = \boxed{48}$$

+4
+ ①⬚
+ ②⬚

だから、$48 ÷ 4 = $ ④⬚　答え ⑤⬚

かける数が1ふえると、答えは、かけられる数だけふえるんだったね。

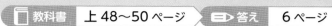

教科書 上 48〜50 ページ　答え 6 ページ

1 次のわり算をしましょう。

教科書 48 ページ **1**

① 2÷2　　　　② 5÷5　　　　③ 7÷1

④ 0÷6　　　　⑤ 4÷1　　　　⑥ 0÷2

2 次の問題に答えましょう。

教科書 49 ページ **1**

(1) 60÷3 の計算のしかたを考えます。次の ☐ にあてはまる数を書きましょう。

60 は、10 の ☐ こ分です。

10 のまとまりで考えると、☐ ÷3＝2 だから、

60÷3＝☐

(2) 次の計算をしましょう。

① 70÷7　　　　② 80÷4　　　　③ 90÷3

3 次の問題に答えましょう。

教科書 50 ページ **2**

📖 よくよんで

(1) 55÷5 の計算のしかたを考えます。次の ☐ にあてはまる数を書きましょう。

55 を 50 と 5 に分けて考えます。

50÷5＝①☐

5÷5＝1

②☐ ＋1＝③☐ だから、55÷5＝④☐

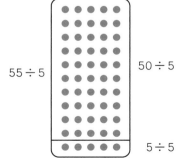

55÷5　50÷5　5÷5

(2) 次の計算をしましょう。

① 28÷2　　　　② 93÷3　　　　③ 44÷4

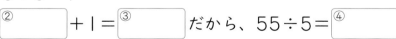

2 (2) 10 が何こ分で考えます。　② 10 が、8÷4＝2 (こ) だから、…。
3 (2)② 93 を 90 と 3 に分けて考えます。

19

③ わり算

時間 **30** 分

／100

ごうかく **80** 点

📖 教科書 上 36～52 ページ　➡ 答え 7 ページ

知識・技能　／48点

1 よく出る 次の計算をしましょう。　　　　　　　　1つ4点（24点）

① 24÷4　　　　　② 42÷7　　　　　③ 42÷6

④ 36÷9　　　　　⑤ 56÷8　　　　　⑥ 16÷4

2 次の計算をしましょう。　　　　　　　　　　　1つ4点（24点）

① 8÷8　　　　　② 2÷1　　　　　③ 0÷5

④ 90÷9　　　　　⑤ 39÷3　　　　　⑥ 84÷4

思考・判断・表現　／52点

3 よく出る えん筆が 27 本あります。

これを 9 人で同じ数ずつ分けると、1 人分は何本になりますか。　　　　　　　　　　　式・答え 1つ4点（8点）

式

答え （　　　　　　　　）

20

4 よく出る 32 このあめを分けます。

１人に８こずつ分けると、何人に分けられますか。 式・答え　１つ5点(10点)

式

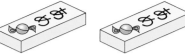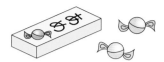

答え（　　　　　　　　　）

5 ジュースのびんが 66 本あります。

これを６本入りのケースに入れると、何ケースできますか。 式・答え　１つ5点(10点)

式

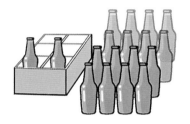

答え（　　　　　　　　　）

できたらスゴイ!

6 24÷6 になる問題を作ります。

下の □ にあてはまる数やことばを書いて、

答えをもとめましょう。 □・答え　１つ3点(24点)

① 色紙が 〔　　　　　〕 まいあります。同じ数ずつ 〔　　　　　〕 人に分けます。

〔　　　　　〕 は何まいになりますか。

答え（　　　　　　　　　）

② 色紙が 〔　　　　　〕 まいあります。１人に 〔　　　　　〕 まいずつ分けます。

〔　　　　　〕 に分けられますか。

答え（　　　　　　　　　）

 ①がわからないときは、14 ページの **2** にもどってみよう。

ふろくの「計算せんもんドリル」 **2**〜**6** もやってみよう!

倍の計算

倍について考えよう

1 ⑦のテープは、⑦のテープの３倍の長さです。⑦のテープの長さが５cmのとき、⑦のテープの長さをもとめましょう。

□cm

⑦

5cm

⑦

倍の長さは
かけ算でもとめるよ。

式と答えを書きましょう。

□ × □ = □

⑦の長さ　　　倍　　　⑦の長さ

答え（　　　　　　）

2 次のような３本のテープがあります。これらのテープの長さについて、下の問題に答えましょう。

⑦ 12cm

⑧ 4cm

⑨ 2cm

① ⑦のテープは⑧のテープの長さの何本分ですか。

⑦

⑧

いくつ分は
わり算でもとめたね。

式

答え（　　　　　　）

② ⑧のテープの長さを１と考えて、下の線に目もりをつけましょう。また、⑦のテープは、⑧のテープの長さの何倍の長さといえますか。

⑦

⑧

0　　　　　　　　　　　　　　　（倍）

（　　　　　　）

③ ㋕のテープは㋗のテープの長さの何倍ですか。

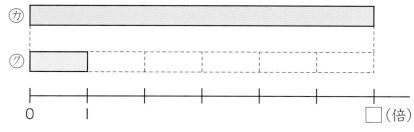

式

答え（　　　　　　　）

 ㋚のテープは㋛のテープの長さの何倍ですか。

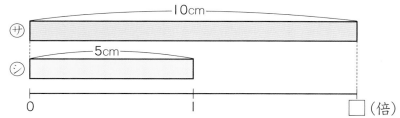

式と答えを書きましょう。

$$\boxed{} \div \boxed{} = \boxed{}$$

くらべられる　　　もとにする　　　倍
長さ　　　　　　長さ

答え（　　　　　　　）

④　たけしさんは24cm、ゆかさんは8cmのひもを持っています。
　たけしさんのひもは、ゆかさんのひもの長さの何倍ですか。

①　くらべられる長さは何cmですか。
　また、もとにする長さは何cmですか。

くらべられる長さ（　　　　　　）

もとにする長さ（　　　　　　）

②　答えをもとめましょう。
式

答え（　　　　　　　）

✎ 次の◯◯にあてはまる数を書きましょう。

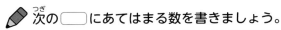

🎯 **ねらい**　3けたの数のたし算の筆算ができるようにしよう。　　練習 ❶ ❷ →

🐾 **3けたのたし算の筆算**

　たてに位をそろえて書き、同じ位どうしを計算します。

　一の位からじゅんに計算し、10より大きくなったら、上の位に1くり上げます。

```
  263
 +134
  397
```
↑ 3+4=7
↑ 6+3=9
↑ 2+1=3

```
  738
 +192
  930
```
↑ 8+2=10
↑ 3+9+1=13
↑ 7+1+1=9

1　次の計算を筆算でしましょう。

(1)　165＋374　　　　　　　　　　(2)　457＋396

とき方　一の位からじゅんにたします。

(1)
```
   165
  +374
     9
```
➡
```
   165
  +374
   ¹39
```
➡
```
   165
  +374
   539
```

一の位は
5＋4＝9

十の位は
6＋7＝◯◯
百の位に
1くり上げます。

百の位は
1＋3＋◯◯＝5

答えは ◯◯◯◯

(2)
```
   457
  +396
     ¹3
```
➡
```
   457
  +396
   ¹53
```
➡
```
   457
  +396
   853
```

一の位は
7＋6＝◯◯
十の位に1
くり上げます。

十の位は
5＋9＋1＝15
百の位に◯◯
くり上げます。

百の位は
4＋3＋1＝8

答えは ◯◯◯◯

くり上がりが
2回あるよ。

 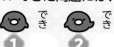

① 次の計算をしましょう。

教科書 57〜61 ページ ❶〜❸

① 127 +261

② 354 +123

③ 527 +201

④ 758 +206

⑤ 295 +342

⑥ 643 +197

⑦ 486 +479

⑧ 653 +249

⑨ 418 +395

② 次の計算を筆算でしましょう。

教科書 59〜61 ページ ❷〜❹

① 450+270

② 496+31

③ 349+285

④ 174+626

⑤ 408+92

⑥ 859+312

！まちがい注意

⑦ 764+259

⑧ 697+543

2けたの数は
どこに書けば
いいのかな？

ヒント ❷ 位をそろえて筆算します。②の 31、⑤の 92 は百の位がないので注意しましょう。⑥⑦⑧は、千の位にくり上がります。

25

教科書　上 62〜67 ページ　答え　9 ページ

✏️ 次の ☐ にあてはまる数を書きましょう。

◎ **ねらい**　3けたの数のひき算の筆算ができるようにしよう。　練習 ①②➡

🐾 **3けたのひき算の筆算**

たてに位をそろえて書き、同じ位ど
うしを計算します。

ひけないときは、上の位から1くり
下げます。

$$\begin{array}{r}{}^{5}{\llap 5}{}^{10}6\,2\\-2\,4\,8\\\hline 3\,1\,4\end{array}$$

5−2=3
5−4=1
12−8=4

$$\begin{array}{r}{}^{9}{}^{2}{\llap 3}{}^{10}{\llap 0}{}^{10}2\\-1\,6\,5\\\hline 1\,3\,7\end{array}$$

2−1=1
9−6=3
12−5=7

1　(1)　523−378　　(2)　300−129　を筆算でしましょう。

とき方

(1)
$$\begin{array}{r}{}^{1}{\llap 5}{}^{10}2\,3\\-3\,7\,8\\\hline 5\end{array}$$
➡
$$\begin{array}{r}{}^{4}{\llap 5}{}^{1}{}^{10}2\,3\\-3\,7\,8\\\hline 4\,5\end{array}$$
➡
$$\begin{array}{r}{}^{4}{\llap 5}{}^{1}{}^{10}2\,3\\-3\,7\,8\\\hline 1\,4\,5\end{array}$$

一の位は十の位から
1くり下げて、
13−8=①☐

十の位は
1くり下げたので②☐。
百の位から1くり下げて、
③☐−7=4

百の位は
1くり下げたので④☐。
4−⑤☐=1

答えは⑥☐

(2)
$$\begin{array}{r}{}^{9}{}^{2}{\llap 3}{}^{10}{\llap 0}{}^{10}0\\-1\,2\,9\\\hline 1\,7\,1\end{array}$$

十の位からはくり下げられない。百の位から十の位に1くり下げて、
次に、十の位から一の位に1くり下げる。

一の位は、①☐−9=1

十の位は、②☐−2=7

百の位は、2−1=③☐

百の位から、十の位、一の位
へとじゅんにくり下げよう。

答えは④☐

26

教科書 上62〜67ページ　答え 9ページ

1 次の計算をしましょう。

教科書 63〜67ページ **1**〜**4**

① 　637
　　−514

② 　396
　　−158

③ 　250
　　−236

④ 　419
　　−231

⑤ 　825
　　−376

⑥ 　530
　　−184

！まちがい注意

⑦ 　312
　　− 58

⑧ 　706
　　−349

⑨ 　400
　　−216

2 次の計算を筆算でしましょう。

教科書 65〜67ページ **2**〜**5**

① 463−276

② 315−36

③ 702−665

④ 404−308

⑤ 600−29

⑥ 1000−226

⑦ 1063−754

⑧ 1312−458

筆算の書き方を
まちがえないようにね。

**ヒント**  **2** ⑥⑦⑧ 千の位からのくり下げに注意します。

4 たし算とひき算

③ 大きい数の計算

教科書　上68ページ　　答え　9ページ

 次の☐にあてはまる数を書きましょう。

ねらい けた数の多いたし算やひき算の筆算もできるようにしよう。　練習 **① ②**→

🐾 大きい数の計算

　数が大きくなっても、一の位からじゅんに計算していけば、何けたの数でも計算することができます。

たし算

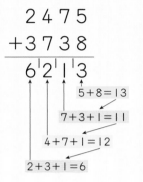

10より大きくなったら、上の位に1くり上げます。

```
  2475
+ 3738
──────
  6213
```
5+8=13
7+3+1=11
4+7+1=12
2+3+1=6

ひき算

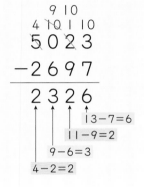

ひけないときは、上の位から1くり下げます。

```
  5023
- 2697
──────
  2326
```
13-7=6
11-9=2
9-6=3
4-2=2

1 (1) 6836+3164　(2) 4005−1627　を筆算でしましょう。

とき方

(1)　一の位からじゅんにたします。

```
  6836        6836        6836        6836
+ 3164   ⇒  + 3164   ⇒  + 3164   ⇒  + 3164
──────      ──────      ──────      ──────
     0         00         000       10000
```

一の位は
6+4=10
十の位に①☐
くり上げます。

十の位は
3+6+1=10
百の位に②☐
くり上げます。

百の位は
8+1+1=10
千の位に③☐
くり上げます。

千の位は
6+3+1=10
一万の位に1
くり上げます。

答えは④☐

(2)
```
  4005
- 1627
──────
  2378
```

十の位も百の位も0なので、千の位からくり下げます。
千の位から百の位に1くり下げます。
次に、百の位から十の位、一の位にじゅんに1くり下げます。

一の位は ①☐ −7=8　　十の位は ②☐ −2=7
百の位は ③☐ −6=3　　千の位は ④☐ −1=2　　答えは ⑤☐

教科書 上 68 ページ　　答え 10 ページ

1 次の計算をしましょう。

教科書 68 ページ **1**

① 　1789
＋4254

② 　3670
＋2490

③ 　6784
＋1568

④ 　2175
＋1835

⑤ 　2804
＋7196

⑥ 　8473
－4625

⑦ 　7608
－3569

⑧ 　6120
－5341

⑨ 　10000
－　7902

2 次の計算を筆算でしましょう。

教科書 68 ページ **1**

① 3999＋4889

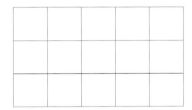

② 6973＋597

③ 5506＋4494

！まちがい注意

④ 4001－1872

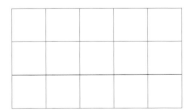

⑤ 2413－444

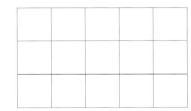

⑥ 10000－3003

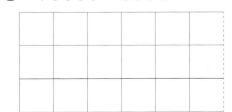

位をそろえて
書こう。

ぴったり1 じゅんび

④ たし算とひき算

④ 計算のくふう

✏️ 次の □ にあてはまる数を書きましょう。

🎯 **ねらい**　くふうして、たし算とひき算ができるようにしよう。　　練習 ①②④➡

🐾 **たし算とひき算のくふう**

⭐たし算　たされる数をふやした数だけ、たす数を
　　　　　へらすと、答えは同じになります。

⭐ひき算　ひかれる数とひく数に同じ数をたすと、
　　　　　答えが同じになります。

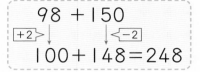

$$98 + 150$$
$$\boxed{+2}\downarrow \qquad \downarrow\boxed{-2}$$
$$100 + 148 = 248$$

$$300 - 198$$
$$\boxed{+2}\downarrow \qquad \downarrow\boxed{+2}$$
$$302 - 200 = 102$$

1 次の計算をくふうしてしましょう。

(1)　598＋230　　　　　(2)　400−199

ぴったりした数を
作ろう。

とき方 (1)　598＋230

$$\boxed{+2}\downarrow \qquad \downarrow\boxed{-\ \square}$$
$$600 + \boxed{} = \boxed{}$$

(2)　400−199

$$\boxed{+1}\downarrow \qquad \downarrow\boxed{+\ }$$
$$401 - \boxed{} = \boxed{}$$

🎯 **ねらい**　3つの数のたし算が、くふうしてできるようにしよう。　　練習 ③➡

🐾 **3つの数のたし算のくふう**

けつ合のきまりを使って、たすじゅんじょを
かえても、答えは同じです。

$$276+53+47=276+(\underline{53+47})$$
$$=376 \qquad \underset{100}{\downarrow}$$

53＋47＝100
276＋100＝376
かんたんに
計算できるね。

2　327＋59＋41 をくふうして計算しましょう。

とき方　けつ合のきまりを使います。

$$327+59+41=327+(\underline{59+41})$$

先に計算する

$$=327+\boxed{} = \boxed{}$$

ぴったり2 練習

★ できた問題には、「た」をかこう！★
 でき 1　 でき 2　でき 3　 でき 4

学習日　　月　　日

教科書 上 69～70 ページ　答え 10～11 ページ

1 次の計算をくふうしてしましょう。　教科書 69 ページ **1**

① 197＋230

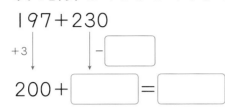

200＋□＝□

② 599＋370

③ 208＋198

2 次の計算をくふうしてしましょう。　教科書 69 ページ **1**

① 600－299

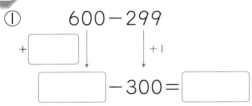

□－300＝□

② 402－198

③ 300－96

3 次の計算をくふうしてしましょう。　教科書 70 ページ **2**

① 738＋75＋25

よくみて
② 37＋518＋63

4 次の計算を暗算でします。どんなくふうをしたか、＜考え方＞の□にあてはまる数を書きましょう。　教科書 70 ページ ▶

① 49＋26

＜考え方＞

49 を 40 と 9、26 を 20 と
㋐ □ に分けて、

40＋20＝60

9＋㋑ □ ＝㋒ □

60＋㋓ □ ＝㋔ □

② 73－45

＜考え方＞

45 を 40 と □ に分けて、

73－40＝33

33－□ ＝□

ヒント
1 ③　たす数の 198 を 200 にするくふうをします。
2 ③　ひく数の 96 を 100 にするくふうをします。

④ たし算とひき算

時間 **30**分

／100

ごうかく **80**点

教科書 上 56〜72 ページ 答え 11〜12 ページ

知識・技能 ／68点

1 よく出る 次の計算をしましょう。 1つ4点(24点)

① 143
　+235

② 196
　+231

③ 397
　+608

④ 　579
　−134

⑤ 　806
　−425

⑥ 1000
　− 193

2 よく出る 次の計算を筆算でしましょう。 1つ4点(24点)

① 283＋164

② 586＋415

③ 703−506

④ 800−248

⑤ 2196＋3758

⑥ 4000−1567

3 次の計算をくふうしてしましょう。 1つ5点(10点)

① 375＋19＋81

② 400−97

4 次の筆算のまちがいを見つけ、正しい計算をしましょう。　　　　1つ5点(10点)

①
```
  397
+ 115
─────
  502
```

②
```
  624
- 198
─────
  574
```

思考・判断・表現　　　　　　　　　　　　　　　　　　　／32点

できたらスゴイ！

5 次の□にあてはまる数を書きましょう。　　　　1つ2点(12点)

①
```
  3 ㋐ 2
+ 2 7 ㋑
───────
㋒  3 9
```

㋐ (　　　　　)

㋑ (　　　　　)

㋒ (　　　　　)

②
```
  7 4 ㋕
- 4 ㋖ 5
───────
㋗  6 2
```

㋕ (　　　　　)

㋖ (　　　　　)

㋗ (　　　　　)

6 **よく出る** スケッチブックと絵の具を買います。

スケッチブックは 1650 円、絵の具は 965 円です。　　　式・答え　1つ4点(16点)

① ねだんのちがいは何円ですか。

式

答え (　　　　　　　　)

② 代金の合計は何円になりますか。

式

答え (　　　　　　　　)

できたらスゴイ！

7 千円さつを1まい、百円玉を4こ、十円玉を2こ、一円玉を6こ持っています。

623 円の買いものをして、百円玉だけのおつりをもらいたいとき、いくらはらえばよいですか。　　　(4点)

(　　　　　　　　)

ふりかえり 🐾　**1**がわからないときは、24 ページの**1**と 26 ページの**1**にもどってみよう。

⑤ 表とグラフ
① 表
② ぼうグラフ

教科書　上 76〜83 ページ　　答え　12 ページ

✏ 次の □ にあてはまる数やことばを書きましょう。

🎯ねらい　調べたけっかを表やぼうグラフに整理することができるようにしよう。　練習 ① ② →

🐾 表とぼうグラフ

調べたけっかを整理するときに、表や**ぼうグラフ**を使うことがあります。

ぼうグラフは、ぼうの長さで数の大きさを表したグラフです。

・数を調べるときは、「正」の字を使って数えると、数えやすいです。

・数の少ないものは、「その他」でまとめて表すことがあります。

・「その他」があるときは、「その他」は、さいごにかきます。

1　次の形を、しゅるいべつに表にまとめましょう。

また、まとめた表を、ぼうグラフに表しましょう。

表やぼうグラフから、どんなことがわかりますか。

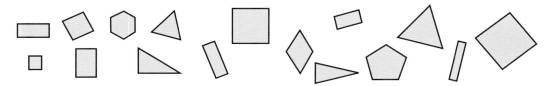

とき方　**＜表の書き方＞**　数えた形にしるしをつ
けながら、「正」の字を書いていきます。

「正」の字｜つで ① □ こを表します。
全部書き終わったら、数字になおします。

＜ぼうグラフのかき方＞

❶ 横のじくに、形のしゅるいを書きます。

❷ たてのじくの目もりのたんいを書きます。

❸ ⑥ □ のじくに、いちばん多いこ数が

書き表せるように、｜目もり分のこ数を考え
て、数を書きます。

❹ こ数に合わせて、ぼうをかきます。

❺ ⑦ □ を書きます。

＜わかること＞　いちばん多いのは ⑧ □

で5こ、正方形と ⑨ □ は4こで同じ、など。

形調べ

しゅるい	数（こ）	
正方形	正	4
長方形	正	②
三角形	正	③
その他	④	⑤
合　計		16

❷（こ）　形調べ ❺

❸ 5

❹

0
① 正方形　長方形　三角形　その他

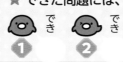
📖 教科書　上76〜83ページ　⟹ 答え　13ページ

1　右の表は、10時から10時10分までに家の前を通った自動車の記ろくです。
次の問題に答えましょう。

教科書　77ページ **1**

①　㋐〜㋔にあてはまる数字や「正」の字を書きましょう。

②　いちばん多く通った自動車のしゅるいは何ですか。

（　　　　　　　　　　）

自動車調べ

しゅるい	台数（台）	
バ　ス	正 一	㋐
乗 用 車	正正正正	㋑
トラック	㋒	9
そ の 他	下	㋓
合　計	㋔	

2　右のぼうグラフは、よしみさんの組で、すきなスポーツを調べたものです。
次の問題に答えましょう。

教科書　79〜80ページ **1**

🔍 よくみて

①　グラフの1目もり分は、何人を表していますか。

（　　　　　　　　　　）

②　野球がすきな人は、何人ですか。

（　　　　　　　　　　）

③　人数がいちばん多いスポーツは何ですか。

（　　　　　　　　　　）

④　水泳がすきな人と野球がすきな人とのちがいは
何人ですか。

（　　　　　　　　　　）

⑤　調べた人数は全部で何人ですか。

（　　　　　　　　　　）

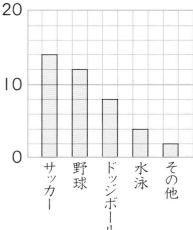

（人）　すきなスポーツ
20

10

0
サッカー　野球　ドッジボール　水泳　その他

多い少ないが、ひと目でくらべられるのは、ぼうグラフだよ。
数がすぐわかるのは、表だね。

🐾 ヒント　**2**　①　5目もりで10人を表しているから…。
　　　　　⑤　ぼうが表している人数を全部たします。

✏️ 次の ⬚ にあてはまる数やことばを書きましょう。

🎯 ねらい　いくつかの表を1つの表にまとめられるようにしよう。　練習 ❶→

🐾 くふうした表

　いくつかの表をまとめると、全体で何が多くて何が少ないかがわかりやすくなることがあります。

1 次の表は、1組と2組で遠足に行きたい場所を調べたものです。
　　2つの表を、1つの表に整理しましょう。

遠足に行きたい場所（1組）

場所	人数（人）
遊園地	17
動物園	10
海	8
山	3
合　計	38

遠足に行きたい場所（2組）

場所	人数（人）
遊園地	13
動物園	12
海	7
山	6
合　計	38

とき方　次の表の合計のらんに数を書きましょう。

遠足に行きたい場所　　（人）

場所 ＼ 組	1組	2組	合計
遊園地	17	13	①
動物園	10	12	②
海	8	7	③
山	3	6	④
合　計	38	38	⑤

❶　1組と2組で、遊園地に行きたい人の合計は ⑥ ⬚ 人です。

❷　1組と2組で、遠足に行きたい場所のうち、いちばん人数の多い場所は ⑦ ⬚ です。

1つの表にまとめると
わかりやすいね。

教科書 上84〜85ページ ▶ 答え 13ページ

1 次の表は、はやとさんの学校で、4月、5月、6月にけがをした人数と、けがの
しゅるいを調べたものです。下の問題に答えましょう。

教科書 84〜85ページ **1**

けがの記ろく　　　　　（人）

しゅるい ＼ 月	4月	5月	6月	合計
すりきず	32	37	30	㋓
切りきず	30	32	27	㋔
ねんざ	⑧	11	20	㋕
打ち身	3	5	12	㋖
その他	5	9	4	㋗
合　計	㋐	㋑	㋒	㋘

㋓から㋗までのたての合計と、
㋐㋑㋒の横の合計は
同じになるよ。

① ㋐〜㋘にあてはまる数を書きましょう。

🔍 よくみて

② 表の○をつけた8は、何を表していますか。

（　　　　　　　　　　　　　）

③ 表の□をつけた12は、何を表していますか。

（　　　　　　　　　　　　　）

④ 表の㋘に入る数は、何を表していますか。

（　　　　　　　　　　　　　）

⑤ 4月から6月までの間で、けがをした人数がいちばん多いしゅるいは何ですか。

（　　　　　　　　　　　　　）

⚠ まちがい注意

⑥ 4月から6月までの間で、けがをした人数がいちばん多かった月は何月ですか。

（　　　　　　　　　　　　　）

🐤 ヒント
1 ⑤ ㋓、㋔、㋕、㋖、㋗のうち、人数がいちばん多いしゅるいです。
⑥ ㋐、㋑、㋒のうち、人数がいちばん多い月です。

⑤ 表とグラフ

知識・技能　　　　　　　　　　　　　　　　　　　／50点

1　右の表は、ゆうじさんの組で、けいこごとのしゅるいを1人につき1つ調べたものです。
　　次の問題に答えましょう。

1つ5点（25点）

①　⑦から⑨にあてはまる数を書きましょう。

⑦　（　　　　　）

⑦　（　　　　　）

⑤　（　　　　　）

⑨　（　　　　　）

けいこごと調べ

しゅるい	人数（人）	
ピアノ	正正正一	⑦
スイミング	正正下	⑦
習　字	正下	⑤
そ の 他	下	⑨
合　計		

②　調べた人数は何人ですか。

（　　　　　　　　　　　　）

2　よく出る　右のぼうグラフは、あかりさんたちのボール投げの記ろくです。
　　次の問題に答えましょう。

1つ5点（15点）

①　ぼうグラフの1目もり分は、何mを表していますか。

（　　　　　　　　　）

②　さくらさんの記ろくは、何mですか。

（　　　　　　　　　）

③　こはるさんと、ももかさんの記ろくのちがいは、何mですか。

（　　　　　　　　　）

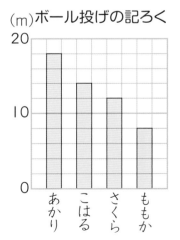

(m)ボール投げの記ろく

❸ よく出る 次の表は、3年生全員について、すきなくだものを調べたものです。
ぼうグラフに表しましょう。

全部できて（10点）

すきなくだもの

くだもの	人数（人）
りんご	35
メロン	25
みかん	20
いちご	15
バナナ	5
その他	10
合　計	110

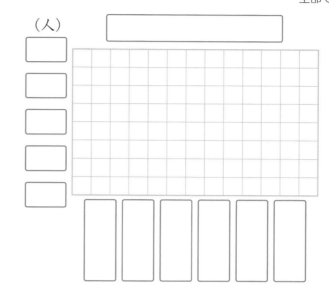

（人）

思考・判断・表現　　／50点

❹ 次の表は、6月に図書室でかし出した本のしゅるいと数を、3年生から6年生ま
で学年べつにまとめたものです。下の問題に答えましょう。

1つ5点（50点）

かし出した本の数　　（さつ）

しゅるい ＼ 学年	3年生	4年生	5年生	6年生	合計
でん記	2	5	10	8	㋔
物語	4	8	3	㋓	16
図かん	1	4	7	㋕	21
その他	㋐	1	9	10	㋖
合　計	8	㋑	㋒	28	㋗

できたらスゴイ！

① ㋐から㋗にあてはまる数を書きましょう。

㋐ （　　　　　）　㋑ （　　　　　）　㋒ （　　　　　）　㋓ （　　　　　）

㋔ （　　　　　）　㋕ （　　　　　）　㋖ （　　　　　）　㋗ （　　　　　）

② 6月全体で、かし出した数がいちばん多い本のしゅるいは何ですか。

（　　　　　　　　　　　）

③ 6月全体で、かし出した数がいちばん多い学年は何年生ですか。

（　　　　　　　　　　　）

ふりかえり ❶がわからないときは、34ページの❶にもどってみよう。

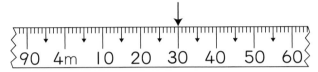

ぴったり1 じゅんび

3分でまとめ

⑥ 長さ
① はかり方
② キロメートル

学習日　　月　　日

教科書 上 88〜96 ページ　　答え 14 ページ

✎ 次の ◻ にあてはまる数を書きましょう。

◎ねらい　まきじゃくの使い方がわかるようにしよう。　練習 ①②→

🐾 きょりとまきじゃく

★2つの場所を決めて、その間をまっすぐにはかった長さを、**きょり**といいます。

★長い長さをはかるどうぐに、まきじゃくがあります。

1 次のまきじゃくの↓のところは、何 m 何 cm ですか。

とき方　まきじゃくの大きい1目もりは
◻① cm を表しています。

右の�あの↓までが ◻② m だから、

4 m と ◻③ cm で、◻④ m ◻⑤ cm

◎ねらい　道のりときょりのちがいを知り、km のたんいをおぼえよう。　練習 ③④→

🐾 道のりと km

★道にそってはかった長さを**道のり**といいます。

★1000 m を 1 km と書き、**1キロメートル**といいます。

$$1 km＝1000 m$$

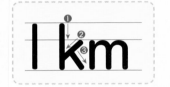

2 けいすけさんの家から公園までの、道のりときょりをもとめましょう。
また、道のりときょりのちがいは、何 m ですか。

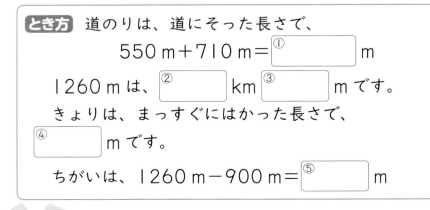

とき方　道のりは、道にそった長さで、

$$550 m＋710 m＝◻① m$$

1260 m は、◻② km ◻③ m です。

きょりは、まっすぐにはかった長さで、

◻④ m です。

ちがいは、$1260 m－900 m＝◻⑤ m$

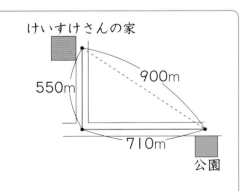

けいすけさんの家
900m
550m
710m
公園

ぴったり2
練習

★ できた問題には、「た」をかこう！★
でき ① でき ② でき ③ でき ④

学習日
月　　日

教科書　上 88〜96 ページ　　答え　15 ページ

🔍 よくみて

1 次のまきじゃくの↓のところは、何 m 何 cm ですか。　　教科書 91 ページ▶

あ　⌄90 2m 10 20 30 40 50 60 70 80 90 3m⌄　い　　　う

あ　(　　　　　　　　　　)

い　(　　　　　　　　　　)

う　(　　　　　　　　　　)

2 次の長さをはかるには、どれを使えばべんりですか。□の中からえらんで記号で答えましょう。　　教科書 92 ページ❷

①　木のまわり。　　　　②　はがきの横。　　　　③　自動車の長さ。

　　(　　　　　　)　　　　　(　　　　　　)　　　　　(　　　　　　)

┌───┐
│　ア　30 cm ものさし　　　イ　1 m ものさし　　　ウ　5 m まきじゃく　│
└───┘

3 次の□にあてはまる数を書きましょう。　　教科書 93 ページ❶、94 ページ❷

①　3 km = ☐ m　　　　　　　②　5 km 800 m = ☐ m

③　1 km 600 m + 2 km 500 m = ☐ km ☐ m

④　4 km 210 m − 1 km 630 m = ☐ km ☐ m

4 たけしさんの家から学校までのきょりと道のりは、
それぞれ何 km 何 m ですか。

教科書 93 ページ❶、94 ページ❷

きょりは、まっすぐに
はかった長さだね。

学校
1km340m
1800m
980m
たけしさん
の家

きょり (　　　　　　　　)　　　道のり (　　　　　　　　)

● ヒント　❸③　$\begin{array}{r} \text{km}\quad\text{m} \\ 1600 \\ +2500 \\ \hline \end{array}$　④　$\begin{array}{r} \text{km}\quad\text{m} \\ 4210 \\ -1630 \\ \hline \end{array}$

⑥ 長さ

知識・技能　　　　　　　　　　　　　　　　　　　　　　　／75点

1 まきじゃくで花だんの横の長さをはかっています。
はかり方が正しいものには〇を、まちがっているものには×をつけましょう。

1つ5点(20点)

① 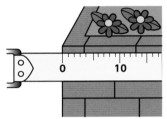　　（　　　　）

② 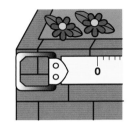　　（　　　　）

③ 　　（　　　　）

④ 　　（　　　　）

2 よく出る 次の □ にあてはまるたんいを書きましょう。　　1つ5点(20点)

① ノートのあつさ　　　　　　　8 □

② サイクリングで走るきょり　　24 □

③ 子どもの身長　　　　　　　130 □

④ 3年生がときょう走で走る長さ　80 □

3 よく出る 次のまきじゃくの↓のところは、何m何cmですか。
また、⑤7m90cm　⑥8m65cmの長さを表す目もりに↓をかきましょう。

1つ5点(20点)

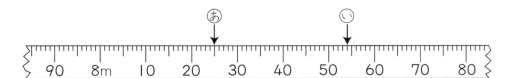

⑤（　　　　　　　）　⑥（　　　　　　　）

この本の終わりにある『夏のチャレンジテスト』をやってみよう!

できたらスゴイ!

4 次の長さを長い方からじゅんにならべましょう。 (5点)

3km、3km 80m、3008m

(　　　　　→　　　　　→　　　　　)

5 次の計算をしましょう。 1つ5点(10点)

① 2km 370m＋1km 850m 　　② 3km 140m－2km 360m

思考・判断・表現 ／25点

6 **よく出る** 右の図は、かつじさんの家の近所（きんじょ）の地図です。 式・答え 1つ5点(20点)

① 家から図書館を通って駅まで行くときの道のり
は、何km何mですか。

式

答え (　　　　　　　　)

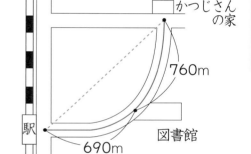

760m

690m

駅

図書館

かつじさんの家

② 家から駅までのきょりは、①の道のりより
380m短（みじか）いそうです。

家から駅までのきょりは、何km何mですか。

式

答え (　　　　　　　　)

7 右の図のように、西町、北町、南町、東町の4つの
バスのていりゅう所があり、西町から東町へバスで行く
のに、北町を通る行き方と南町を通る行き方があります。
右下の表は、それぞれのていりゅう所の間の道のりです。

西町から東町へ行く道のりは、
どちらの行き方が、どれだけ
長いですか。 (5点)

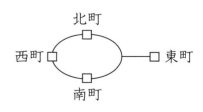

北町

西町　　　　　　東町

南町

バスのていりゅう所の間の道のり

	道のり		道のり
西町→北町	900m	西町→南町	1km 200m
北町→東町	3km 500m	南町→東町	3km 800m

(　　　　　　　　)

ふりかえり ❸がわからないときは、40ページの **1** にもどってみよう。

7 円と球
① 円
② 球

📖 教科書 上 102〜113 ページ ▶ 答え 16 ページ

✏️ 次の □ にあてはまる数を書きましょう。

◎ ねらい 円のとくちょうを考えよう。

練習 **①②**→

🐾 **円**

　１つの点から長さが等しくなるようにかいたまるい形を、**円**といいます。その１つの点を円の**中心**、中心から円のまわりまで引いた直線を**半径**といいます。１つの円では、半径の長さはみな等しくなります。

　円の中心を通り、円のまわりからまわりまで引いた直線を、**直径**といいます。直径の長さは、半径の長さの２倍です。

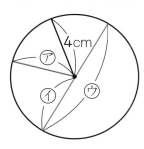

1 　右の図の円で、㋐、㋑、㋒の長さは、それぞれ何 cm ですか。

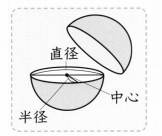

とき方 　１つの円では、半径の長さはみな等しくなります。

　㋐と㋑は半径だから、どちらも ① □ cm です。

　㋒は直径です。直径は半径の ② □ 倍の長さだから、

$4 ×$ ③ □ $=$ ④ □ で、直径は８cm です。

◎ ねらい 球のとくちょうを考えよう。

練習 **③**→

🐾 **球**

　どこから見ても円に見える形を、**球**といいます。

　球をちょうど半分に切ったとき、切り口の円の中心、半径、直径を、それぞれ、この球の**中心**、**半径**、**直径**といいます。

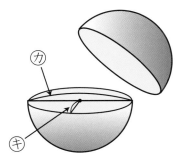

2 　右の図は、直径 10 cm の球をちょうど半分に切った図です。

　この球の㋕と㋖の長さは、それぞれ何 cm ですか。

とき方 　㋕は直径だから、① □ cm です。

　㋖は半径です。半径は直径の半分だから、

$10 ÷ 2 =$ ② □ で、㋖は ③ □ cm です。

球は、どこで切っても
切り口は円になるよ。

教科書 上102〜113ページ ▷ 答え 16〜17ページ

1 コンパスを使って、次の円をかきましょう。

教科書 106ページ **3**

① 半径2cmの円　　　　　　　② 直径2cmの円

コンパスを半径の長さに
開いてかこう。

2 しゅんさんが家から駅に行きます。家から駅まで
は、⑦と①の2つの道があります。 教科書 110ページ **5**

① コンパスを使って、⑦と①の長さを次の直線にう
つしましょう。

⑦ ────────────────────

① ────────────────────

② 家から駅まで行くのに、⑦と①のどちらの道が近いですか。

（　　　　　　　　　　　）

🔍 **よくみて**

3 右の図のように、半径6cmのボールが1こぴったり箱に入っています。
この箱の、⑧たての長さ、⑩横の長さ、⑤高さは、それぞれ何cmになりますか。

教科書 112〜113ページ **1**

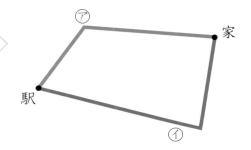

箱のたての長さは、
ボールの直径と
同じだね。

⑧ （　　　　　　　）

⑩ （　　　　　　　）

⑤ （　　　　　　　）

ヒント
1 ② 半径をもとめましょう。
3 箱のたて、横、高さは、それぞれボールの直径と等しくなります。

ぴったり3
たしかめのテスト

7 円と球

時間 30分
／100
ごうかく 80点

教科書　上 102〜116 ページ　答え　17〜18 ページ

知識・技能　　　　　　　　　　　　　　　　　　　　／45点

① 右の円で、⑦の点、⑦、⑦の直線を、それぞれ何といいますか。　1つ5点(15点)

⑦ （　　　　　　　　　　）

⑦ （　　　　　　　　　　）

⑦ （　　　　　　　　　　）

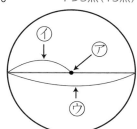

② よく出る コンパスを使って、直径が
6cm の円をかきましょう。　　　(10点)

③ 図1のもようを、図2にコンパスを使ってかきましょう。　　　(10点)

図1
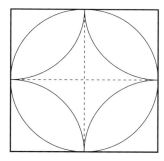

図2

④ コンパスを使って、次の直線の長さをくらべて、長いじゅんに記号を書きましょう。
(10点)

（　　　　→　　　　→　　　　）

思考・判断・表現　　　　　　　　　　　　　　　　　　　／55点

5 コンパスを使って答えましょう。　1つ10点（20点）

① ㋐の点から㋑の点までと同じ長さになるのは、㋐の点からどの点までの長さですか。

（　　　　　　）

② ㋐の点から㋖の点よりも、㋐の点からはなれたところにある点は、いくつありますか。

（　　　　　　）

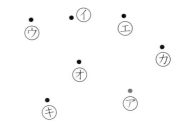

6 よく出る 球を右のように切りました。
切り口はどんな形になりますか。次の㋐～㋒からえらび、記号で答えましょう。

(5点)

㋐ 　　㋑ ○　　㋒ ⬭

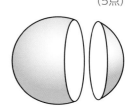

（　　　　　　）

7 よく出る 右の図の2つの円は同じ大きさです。
直線アイの長さが15cmのとき、1つの円の直径は何cmですか。　(10点)

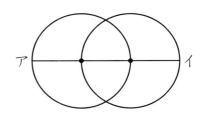

（　　　　　　）

できたらスゴイ！

8 右の図のように、同じ大きさのボールが3こ、ぴったり箱に入っています。この箱のたての長さは18cmです。

1つ10点（20点）

① この箱の横の長さは何cmですか。

（　　　　　　）

② ボールの半径は何cmですか。

（　　　　　　）

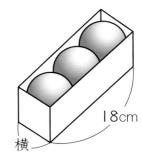

18cm

横

 **1**がわからないときは、44ページの**1**にもどってみよう。

① あまりのあるわり算

✏️ 次の ☐ にあてはまる数やことばを書きましょう。

🎯 **ねらい**　あまりのあるわり算ができるようにしよう。　練習 **❶❹**→

🐾 **あまりのあるわり算**

21÷4＝5 あまり 1 のように、**あまりのあるとき**は「**わり切れない**」といいます。

20÷4＝5 のように、あまりの**ないとき**は「**わり切れる**」といいます。

1　16 このりんごを、1人に3こずつ分けると、何人に分けられて、何こあまりますか。

> **とき方**　式は、16÷3 です。
>
> 3×☐＝16 になる九九はないので、あまりがあります。
>
> 3×① ☐ ＝15、16−15＝1 だから、
>
> 16÷3＝② ☐ あまり ③ ☐ です。
>
> 答え ④ ☐ 人に分けられて、⑤ ☐ こあまる

🎯 **ねらい**　わる数とあまりの大きさを理かいしよう。わり算のたしかめができるようにしよう。　練習 **❷❸**→

🐾 **あまりの大きさ**　　わり算のあまりはいつも、わる数より小さくなります。

🐾 **わり算のたしかめ**

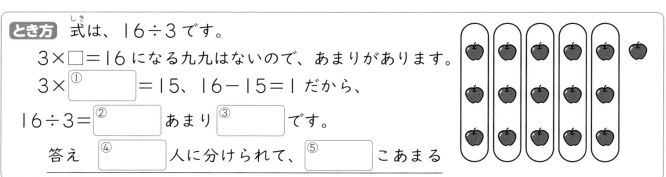

全部の数　1つ分の数　いくつ分　あまり
21 ÷ 4 ＝ 5 あまり 1
4 × 5 ＋ 1＝21

1つ分の数×いくつ分＋あまり＝全部の数

2　37÷7＝4 あまり9　の計算は、どこがまちがっていますか。正しい答えをもとめましょう。

> **とき方**　あまりの9が、わる数7より ① ☐ いので、まちがいです。
>
> 7×② ☐ ＝35、37−35＝2 だから、
>
> 37÷7＝③ ☐ あまり2です。
>
> 正しいかどうか、たしかめましょう。
>
> 7×④ ☐ ＋⑤ ☐ ＝⑥ ☐ …正しい。

7×4＝28だと小さくて、
7×6＝42だと大きいね。

ぴったり2
練習

学習日
月　　　日

★ できた問題には、「た」をかこう！★
でき 1　でき 2　でき 3　でき 4

教科書　上 118〜123 ページ　答え 18〜19 ページ

1 次の計算をしましょう。

教科書 121〜122 ページ 2

① $11 \div 2$　　　　② $13 \div 9$　　　　③ $39 \div 6$

④ $20 \div 3$　　　　⑤ $43 \div 5$　　　　⑥ $60 \div 8$

2 ゆきさんは、19 このあめを 3 人に同じ数ずつ分けると、1 人分は 5 こになって 4 こあまると考えました。

ゆきさんは、どこがまちがっていますか。正しい答えをもとめましょう。

教科書 121〜122 ページ 2

まちがって
いるところ（　　　　　　　　　　　　　　）

正しい答え（　　　　　　　　　　　　　　）

🔍よくみて

3 次の計算の答えをたしかめましょう。また、答えが正しくないときは、正しい答えを書きましょう。

教科書 123 ページ 3

① $45 \div 6 = 7$ あまり 3　　　　② $30 \div 4 = 8$ あまり 2

たしかめの式　　　　　　　　　　　　たしかめの式

（　　　　　　　　　）　　（　　　　　　　　　）

正しい答え（　　　　　　　）　　正しい答え（　　　　　　　）

4 38 このみかんを 5 こずつふくろに入れると、何ふくろできて、何こあまりますか。

教科書 123 ページ 3

式

答え（　　　　　　　　　　　　　　　）

😊ヒント
1 わる数 ＞ あまり になっているか、たしかめましょう。
3 たしかめの式の答えが、わられる数になるかどうかを調べましょう。

49

教科書　上124ページ　　答え　19ページ

✎ 次の◯にあてはまる数を書きましょう。

🎯 ねらい　あまりのあるわり算のいろいろな問題ができるようにしよう。　練習 ①②③→

🐾 あまりの考え方

問題をよく読んで、あまりをどのようにあつかうかを考えます。

1 20このボールを箱に6こずつ入れます。
全部のボールを箱に入れるには、箱は何箱いりますか。

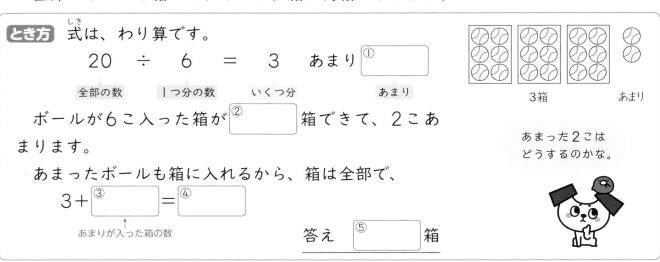

とき方　式は、わり算です。

$$20 \div 6 = 3 \text{ あまり } \boxed{①}$$

全部の数　　1つ分の数　　いくつ分　　　あまり

ボールが6こ入った箱が ②\boxed{　} 箱できて、2こあまります。

あまったボールも箱に入れるから、箱は全部で、

$$3 + ③\boxed{　} = ④\boxed{　}$$

あまりが入った箱の数

答え ⑤\boxed{　} 箱

3箱　　あまり

あまった2こは
どうするのかな。

2 こはるさんの組の人数は、23人です。次の問題に答えましょう。
(1) 4人ずつのはんを作ると、何ぱんできて、何人のこってしまいますか。
(2) 4人のはんと5人のはんを作るとすると、それぞれ何ぱんできますか。

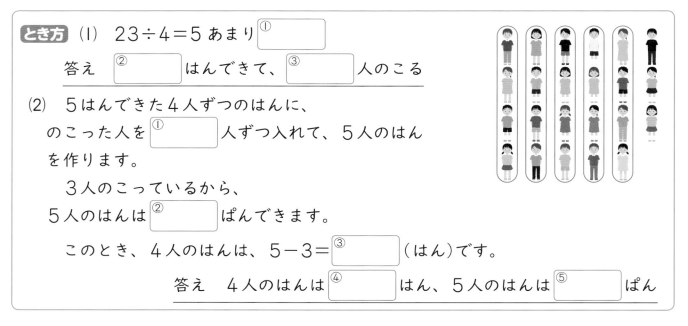

とき方　(1) $23 \div 4 = 5$ あまり ①\boxed{　}

答え ②\boxed{　} はんできて、③\boxed{　} 人のこる

(2) 5はんできた4人ずつのはんに、
のこった人を ①\boxed{　} 人ずつ入れて、5人のはん
を作ります。

3人のこっているから、
5人のはんは ②\boxed{　} ぱんできます。

このとき、4人のはんは、$5 - 3 = ③\boxed{　}$（はん）です。

答え　4人のはんは ④\boxed{　} はん、5人のはんは ⑤\boxed{　} ぱん

教科書　上124ページ　　答え　19ページ

1 クッキーが 22 こあります。次の問題に答えましょう。　教科書 124ページ**1**

① 4こ入りのふくろを作ると、何ふくろできて、何こあまりますか。

式

答え（　　　　　　　　　　　　　　）

② あまりが出ないように、4こ入りのふくろと5こ入りのふくろを作るとすると、それぞれ何ふくろできますか。

図をかいて
考えましょう。

4こ入りのふくろ（　　　　　　　）

5こ入りのふくろ（　　　　　　　）

!まちがい注意

2 23人の子どもが、1きゃくに5人すわれる長いすにすわります。
みんながすわるには、長いすは何きゃくいりますか。　教科書 124ページ▶

式

答え（　　　　　　　　　　　　　　）

3 チョコレートが 59 こあります。8こ入りの箱に入れて売ります。
売りに出せるチョコレートは、何箱できますか。

教科書 124ページ▶

式

8こ入れないと
売れないね。

答え（　　　　　　　　　　　　　　）

●ヒント　● ② 4こ入りのふくろを作り、あまったクッキーを1こずつ入れて
5こ入りのふくろを作ります。

教科書 上 118〜126 ページ　答え 19〜20 ページ

知識・技能 ／60点

1 よく出る 次の計算をしましょう。 1つ5点（40点）

① $7 \div 3$

② $9 \div 4$

③ $18 \div 8$

④ $21 \div 5$

⑤ $47 \div 9$

⑥ $53 \div 8$

⑦ $60 \div 7$

⑧ $70 \div 9$

2 次の計算は、どこがまちがっていますか。正しい答えを書きましょう。

1つ5点（20点）

① $37 \div 5 = 6$ あまり 7

② $41 \div 6 = 7$ あまり 1

（　　　　　　　　）

（　　　　　　　　）

③ $19 \div 4 = 3$ あまり 7

④ $58 \div 9 = 7$ あまり 5

（　　　　　　　　）

（　　　　　　　　）

思考・判断・表現 ／40点

3 よく出る ノートが 35 さつあります。

8人で同じ数ずつ分けると、1人分は何さつになって、何さつあまりますか。

式・答え　1つ5点（10点）

式

答え（　　　　　　　　　　　）

4 カードが 52 まいあります。これを 7 まいずつたばにします。次の問題に答えましょう。

式・答え　1つ5点(20点)

① 7 まいのたばは何たばできて、何まいあまりますか。

式

答え （　　　　　　　　　　　　　　）

② あと何まいあれば、もう 1 たばできますか。

式

答え （　　　　　　　　　　　　　　）

できたらスゴイ！

5 みかんを 50 こもらいました。このみかんをふくろに入れて持って帰ろうと思います。

あまりが出ないように、6 こ入りのふくろと 7 こ入りのふくろを作るとすると、それぞれ何ふくろできますか。

式・答え　1つ5点(10点)

式

答え　　6 こ入りのふくろ
　　　　7 こ入りのふくろ

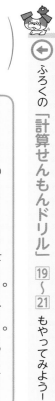

ふろくの「計算せんもんドリル」[19]〜[21] もやってみよう！

はってん

教科書　**126 ページ**

1 わり算を筆算でしましょう。

(れい)
```
    ❶ 6 ←答え
 9)5 5
  ❷5 4
    ❸ 1 ←あまり
```

①
```
 7)3 8
```

②
```
 6)5 0
```

◀(れい)

❶(たてる)55 の一の位の上に、答えの 6 を書く。

❷(かける)「九六 54」の 54 を、55 の下に位をそろえて書く。

❸(ひく)55 から 54 をひく。あまりは 1。あまりの 1 が、わる数の 9 より小さいことをたしかめる。

　②がわからないときは、48 ページの **2** にもどってみよう。

9 （2けた）×（1けた）の計算

（2けた）×（1けた）の計算

次の◯にあてはまる数を書きましょう。

ねらい （2けた）×（1けた）のかけ算の計算のしかたを考えよう。　練習 ①→

（2けた）×（1けた）のかけ算のしかた

　九九にはないかけ算でも、分配のきまりを使ってかけられる数を分けると、計算することができます。

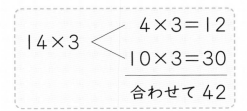

$$14×3 \begin{cases} 4×3=12 \\ 10×3=30 \end{cases}$$
合わせて 42

1 16×4 の答えをもとめましょう。

とき方　16を2つの数に分けて考えます。

＜計算のしかた①＞

$$16×4 \begin{cases} 8×4=\boxed{①} \\ 8×4=\boxed{②} \end{cases}$$
合わせて ③

＜計算のしかた②＞

$$16×4 \begin{cases} 6×4= 24 \\ \boxed{④}×4=\boxed{⑤} \end{cases}$$
合わせて ⑥

---

1 13×5 の計算のしかたを考えます。

次の◯にあてはまる数を書きましょう。

教科書　下3〜4ページ **1**

① 13を6と7に分けてもとめます。

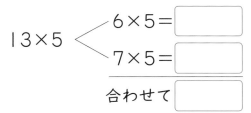

$$13×5 \begin{cases} 6×5=\boxed{} \\ 7×5=\boxed{} \end{cases}$$
合わせて ◻

分け方はいろいろあるね。

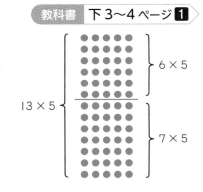

よくみて

② 13を ⑦ と10に分けてもとめます。

$$13×5 \begin{cases} \boxed{ⓘ}×5=\boxed{ⓦ} \\ 10×5=\boxed{ⓔ} \end{cases}$$
合わせて ⑦

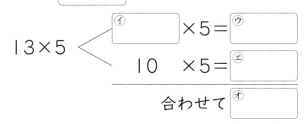

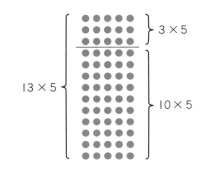

③ 13×5＝◻

ヒント ① かけられる数13を、2つの数に分けて、分配のきまりを使います。

⑨ （2けた）×（1けた）の計算

知識・技能 ／85点

1 よく出る 15×4 の答えを、ともさん、はるさん、りくさんが、次のように考えてもとめました。□にあてはまる数を書きましょう。 1つ5点(45点)

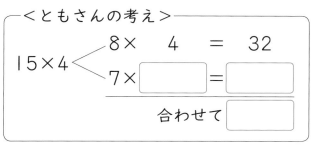

＜ともさんの考え＞

$$15 \times 4 \begin{cases} 8 \times 4 = 32 \\ 7 \times \boxed{} = \boxed{} \end{cases}$$

合わせて □

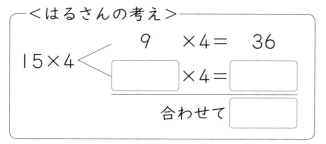

＜はるさんの考え＞

$$15 \times 4 \begin{cases} 9 \times 4 = 36 \\ \boxed{} \times 4 = \boxed{} \end{cases}$$

合わせて □

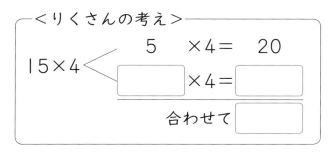

＜りくさんの考え＞

$$15 \times 4 \begin{cases} 5 \times 4 = 20 \\ \boxed{} \times 4 = \boxed{} \end{cases}$$

合わせて □

2 次の計算をしましょう。 1つ10点(40点)

① 11×6

② 12×8

③ 14×3

④ 19×5

思考・判断・表現 ／15点

できたらスゴイ！

3 あめが16こずつ入ったふくろが5ふくろあります。あめは全部（ぜんぶ）で何こあります
か。
式10点・答え5点(15点)

式（しき）

答え（　　　　　　　　　）

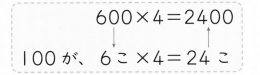
10 1けたをかけるかけ算
① 　何十、何百のかけ算
② 　（2けた）×（1けた）の計算

📖 教科書　下6〜12ページ　　⇨答え　21ページ

✏️ 次の □ にあてはまる数を書きましょう。

🎯ねらい　何十、何百のかけ算ができるようにしよう。　　練習 ①④→

🐾 何十、何百のかけ算

　10や100のまとまりを1つ分と考えて、
九九を使って計算します。

$$600 \times 4 = 2400$$
100が、6こ ×4 = 24こ

1 　900×3　を計算しましょう。

とき方　900は、100が □① こ。

九九で計算できるね。

　900×3は、100が（9×3）こで □② こだから、

　900×3= □③

🎯ねらい　（2けた）×（1けた）のかけ算が、筆算（ひっさん）でできるようにしよう。　　練習 ②③→

🐾 32×4の筆算

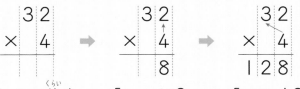

$$32 \times 4 \begin{cases} 2 \times 4 = 8 \\ 30 \times 4 = 120 \end{cases}$$
合わせて 128

```
  32
×  4
   8 … 2×4
 120 …30×4
 128
```

たてに位（くらい）を
そろえる。

「四二が8」
一の位は8。

「四三12」
十の位は2。
百の位は1。

2 　46×8を筆算でしましょう。

とき方

```
  46        46        46        46
×  8   →  ×  8   →  ×  8   →  ×  8
           48        48      ③
                    32
```

「八六48」
一の位は8。
十の位に4
くり上げる。

「八四32」
32+4=36
十の位は □①
百の位は □②

48と320を
たしたものが
46×8の答えだね。

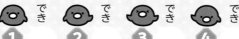 教科書　下6〜12ページ　 答え　21〜22ページ

① 次の計算をしましょう。

教科書　6〜7ページ **1**

① 30×2

② 40×7

③ 200×4

④ 800×3

② 次の計算をしましょう。

教科書　11ページ **3**

①　　13
　×　 2

②　　61
　×　 8

③　　15
　×　 5

④　　28
　×　 3

⑤　　73
　×　 6

⑥　　35
　×　 7

③ 次の計算を筆算でしましょう。

教科書　11〜12ページ **3**

① 48×7

② 85×6

！ まちがい注意

③ 67×9

④ 1こ700円のボールを6こ買いました。
代金は、全部で何円ですか。

教科書　6〜7ページ **1**

式

答え（　　　　　　　　　）

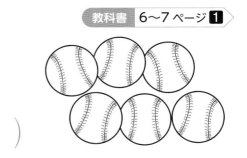

ぴったり1
じゅんび

⑩ 1けたをかけるかけ算
③ （3けた）×（1けた）の計算
④ 暗算

学習日　　月　　日

📖教科書　下 13〜16 ページ　➡答え　22 ページ

🖊次の□にあてはまる数を書きましょう。

◎ねらい　（3けた）×（1けた）の計算が、筆算でできるようにしよう。　　練習 ①②→

🐾 312×3の筆算

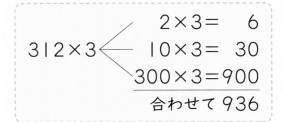

```
  3 1 2          3 1 2          3 1 2
×     3     ➡  ×     3     ➡  ×     3
      6            3 6          9 3 6
```
「三二が6」　　「三一が3」　　「三三が9」

$$312×3 \begin{cases} 2×3= \quad 6 \\ 10×3= \quad 30 \\ 300×3=900 \end{cases}$$
合わせて 936

1 473×5 を筆算でしましょう。

とき方
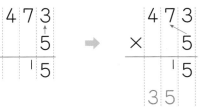
```
  4 7 3          4 7 3          4 7 3          4 7 3
×     5     ➡  ×     5     ➡  ×     5     ➡  ×     5
    ¹ 5            ¹ 5          ³ 6 5          ③
                  3 5          2 0
```

「五三 15」　　　「五七 35」　　　「五四 20」
一の位は5。　　　35+1=36　　　20+3=23
十の位に 1　　　十の位は6。　　百の位は3。
くり上げる。　　百の位に ①□　　千の位は ②□。
　　　　　　　　くり上げる。

```
    4 7 3
  ×     5
    1 5 … 3×5
    3 5 0 … 70×5
  2 0 0 0 …400×5
  2 3 6 5
```

◎ねらい　かけ算を暗算でできるようにしよう。　　練習 ③→

🐾 暗算

　　①
36×2
　　②

❶ 二三が6、60
❷ 二六 12
❸ 60+12=72 ←36×2=72

2 46×6 を暗算でしましょう。

とき方　❶ 六四 24 で ①□
　　　　❷ 六六 36
　　　　❸ ②□ +36= ③□

　　　　　　　①
　　　　46×6
　　　　　　　②

位ごとに
分けて考えよう。

学習日　　月　　日

教科書　下13〜16ページ　答え　22〜23ページ

1 次の計算をしましょう。

教科書　14ページ**2**、15ページ**3**

① 　　132
　　×　　3

② 　　243
　　×　　2

③ 　　382
　　×　　4

④ 　　321
　　×　　5

⑤ 　　234
　　×　　7

⑥ 　　638
　　×　　9

⑦ 　　430
　　×　　3

⑧ 　　702
　　×　　6

⑨ 　　900
　　×　　4

2 次の計算を筆算でしましょう。

教科書　14ページ**2**、15ページ**3**

① 418×3

② 147×6

③ 378×4

④ 777×7

！まちがい注意
⑤ 575×8

⑥ 305×6

3 次の計算を暗算でしましょう。

教科書　16ページ**1**

① 23×3

② 18×4

③ 57×4

ヒント ❸ 十の位から計算しましょう。
① 2×3＝6 で60。3×3＝9。60＋9＝□□

59

⑩ 1けたをかけるかけ算

時間 **30** 分

／100

ごうかく **80** 点

教科書　下 6〜18 ページ　答え　23〜24 ページ

知識・技能　　　　　　　　　　　　　　　　　　　　　　　　　　／72点

1 39×7 の筆算のしかたをせつめいしました。次の □ にあてはまる数を書きましょう。

1つ4点（12点）

$\begin{array}{r} 39 \\ \times\ 7 \\ \hline \end{array}$

［一の位の計算］
「七九 63」
一の位は 3。
十の位に ①□ くり上げる。

［十の位の計算］
「七三 21」
21＋6＝27
十の位は ②□。百の位は ③□。

2 よく出る 次の計算をしましょう。

1つ4点（16点）

① 70×4

② 80×9

③ 900×3

④ 600×6

3 よく出る 次の計算を筆算でしましょう。

1つ4点（36点）

① 72×3

② 12×7

③ 94×8

④ 29×7

⑤ 226×3

⑥ 537×4

⑦ 430×6

⑧ 167×6

⑨ 789×9

4 次の計算を暗算でしましょう。　　　　　　　　　　1つ4点(8点)

① 36×3　　　　　　　　　　　② 48×9

思考・判断・表現　　　　　　　　　　　　　　　　　／28点

5 次の筆算のまちがいを見つけ、正しい答えを書きましょう。　　1つ4点(8点)

①　　　 46
　　　×　 3
　　 1218

（　　　　　　　　　）

②　　　 389
　　　×　　7
　　 2623

（　　　　　　　　　）

6 よく出る　1こ375円のケーキを6こ買いました。
代金は、全部で何円ですか。　　　式・答え　1つ4点(8点)

式

答え（　　　　　　　　　）

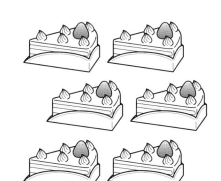

7 1箱に48このみかんが入った箱が5箱と、1箱に52このみかんが入った箱が5箱あります。
みかんは、全部で何こありますか。　　　　　　式・答え　1つ4点(8点)

式

答え（　　　　　　　　　）

できたらスゴイ！

8 1から8までの数字カードが1まいずつあります。このカードを右の□にあてはめて、（2けた）×（1けた）の計算を作ります。
答えがいちばん大きくなる計算を見つけましょう。　　(4点)

□□　9
×　　□

ふりかえり　②がわからないときは、56ページの1にもどってみよう。

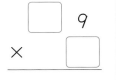

ふろくの「計算せんもんドリル」22〜29もやってみよう！

ぴったり **1**
じゅんじ
3分でまとめ

11 大きい数
① **千の位**<ruby>位<rt>くらい</rt></ruby>**をこえる数**
② **大きい数のしくみ**

学習日
月 日

📖 教科書 下 20〜28 ページ 🔁 答え 24 ページ

✏️ 次の ◯ にあてはまる数や記号を書きましょう。

🎯 **ねらい** 千の位をこえる数がわかるようにしよう。　　　　練習 ①②③➡

🐾 **一万の位、十万の位、百万の位、千万の位**

千の位の一つ上の位を**一万の位**といいます。

一万の位から１つ位が上がるごとに、**十万の位、百万の位、千万の位**といいます。

1 一万を６こと、千を２こと、百を１こと、十を７こと、一を８こ合わせた数を数字で書いて、読みましょう。

とき方 右の表に<ruby>数<rt>ひょう</rt></ruby>を書きこんでみましょう。

60000 と ①◯ と 100 と ②◯ と 8 で、
③◯ です。

六万 ④◯ と読みます。

一万の位	千の位	百の位	十の位	一の位

🎯 **ねらい** １<ruby>億<rt>おく</rt></ruby>の大きさがわかり、数の大小が<ruby>表<rt>あらわ</rt></ruby>せるようにしよう。　　練習 ④⑤➡

🐾 **１億**

千万を 10 こ<ruby>集<rt>あつ</rt></ruby>めた数を 100000000 と書き、**一億**<ruby></ruby>と読みます。

🐾 **大きい数の大小**

数の大きさをくらべるときは、上の位からくらべます。位の表や**<ruby>数直線<rt>すうちょくせん</rt></ruby>**を<ruby>使<rt>つか</rt></ruby>うとわかりやすくなります。

２つの数や<ruby>式<rt>しき</rt></ruby>の大小は、<ruby>不等号<rt>ふとうごう</rt></ruby>(＞、＜)を使って表します。

2 右の数直線で、㋐、㋑が表す数を答えましょう。
また、㋐と㋑の大小を不等号で表しましょう。

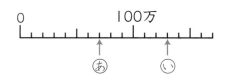

とき方 10 万が 10 こで 100 万だから、数直線の１目もりは ①◯ 万を表しています。

㋐は７目もりで ②◯ 万、㋑は 100 万と３目もりで ③◯ 万です。

㋑は㋐より右にあるので、㋐ ④◯ ㋑です。

> 数直線では、右にいくほど数が大きくなるよ。

ぴったり2
練習

★ できた問題には、「た」をかこう！★
でき 1　でき 2　でき 3　でき 4　でき 5

学習日　　月　　日

教科書　下 20〜28 ページ　答え　24〜25 ページ

1 次の数を読みましょう。　　　　　教科書 21〜22 ページ **1**

① 75241

② 62409400

（　　　　　　）　　　（　　　　　　）

2 次の数を数字で書きましょう。　　　教科書 21〜22 ページ **1**

① 五万七千四十

② 三千八百六十二万五千六百二十四

（　　　　　　）　　　（　　　　　　）

📖 よくよんで

3 次の数を数字で書きましょう。　教科書 21〜22 ページ **1**、23〜24 ページ **2**、25 ページ **1**

① 一万を 2 こと、千を 8 こと、百を 6 こと、十を 1 こと、一を 9 こ合わせた数。

（　　　　　　）

② 千万を 2 こと、百万を 7 こと、千を 3 こ合わせた数。

（　　　　　　）

③ 10000 を 240 こ集めた数。

（　　　　　　）

4 ⓐ、ⓘ、ⓤは、どんな数を表していますか。
また、①、②、③の数を表す目もりに↑と番号を書きましょう。

教科書 26〜27 ページ **2**

①　2 万　　　②　18 万　　　③　21 万

0　　　　10万　　　20万

| 目もりは
いくつかな？

ⓐ （　　　　　　）

ⓘ （　　　　　　）

ⓤ （　　　　　　）

5 次の □ にあてはまる不等号を書きましょう。　教科書 28 ページ **3**

① 427350 □ 451000

② 720000 □ 702000

ヒント
1 一の位から、4つ目と5つ目の間を区切ると、読みやすくなります。
4 1目もりは1万を表しています。

ぴったり **1**

じゅんび

11 大きい数
③ 10倍、100倍、1000倍の数と10でわった数
④ 大きい数のたし算とひき算

学習日　　月　　日

教科書　下29〜33ページ　　答え　25ページ

✎ 次の ☐ にあてはまる数を書きましょう。

◎ **ねらい** 10倍、100倍、1000倍の数と、10でわった数がわかるようにしよう。　練習 **①②③**→

🐾 **10倍、100倍、1000倍の数**

どんな数でも10倍、100倍、1000倍にすると、どの数字も位が1つ、2つ、3つ上がって、右に0を1つ、2つ、3つつけた数になります。

一万	千	百	十	一
			3	0
		3	0	0
	3	0	0	0
3	0	0	0	0

10倍　10倍　10倍　100倍　1000倍

🐾 **10でわった数**

一の位に0のある数を10でわると、どの数字も位が1つ下がって、右はしの0を1つとった数になります。

百	十	一
3	0	0
	3	0

10でわる

1 35の100倍した数をもとめましょう。
また、320を10でわった数をもとめましょう。

とき方 35の100倍は、右に0を ☐ つつけて、☐ になります。

320を10でわると、右はしの0を1つとって、☐ になります。

◎ **ねらい** 大きな数のたし算、ひき算ができるようにしよう。　練習 **④**→

🐾 **1万を1つ分として考える**

$$1300000 + 1800000 = 3100000$$
↓　　　　　↓　　　　　↑
130万　＋　180万　＝　310万

1300000は130万だよ。
0000を万にすれば、わかりやすいね。

2 (1) 124万＋53万　(2) 4500000−1700000　を計算しましょう。

とき方 1万を1つ分として考えます。

(1) 124万＋53万＝ ☐ 万
124＋53＝177

(2) 4500000−1700000＝ ☐
↓　　　　　↓　　　　　↑
450万　−　☐ 万＝　280万

練習

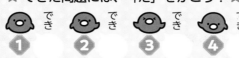

教科書 下 29〜33 ページ　答え 25 ページ

1 次の数をもとめましょう。　　　　教科書 29〜30 ページ **1**

① 42 の 10 倍の数。

（　　　　　　　　）

② 60 の 100 倍の数。

（　　　　　　　　）

③ 273 の 100 倍の数。

（　　　　　　　　）

④ 859 の 1000 倍の数。

（　　　　　　　　）

2 次の数をもとめましょう。　　　　教科書 31 ページ **2**

① 800 を 10 でわった数。

（　　　　　　　　）

② 560 を 10 でわった数。

（　　　　　　　　）

📖 よくよんで

3 次の数をもとめましょう。　　　　教科書 31 ページ **2**

① 29 を 10 倍して、その数を 10 でわった数。

（　　　　　　　　）

② 74 を 100 倍して、その数を 10 でわった数。

（　　　　　　　　）

4 次の計算をしましょう。　　　　教科書 32〜33 ページ **1**

① 119 万＋24 万

② 758 万－306 万

③ 260000＋410000

④ 830000－550000

⑤ 6273＋3984

⑥ 5382－4629

🐶 ヒント
1 右はしに 0 が何こつくか考えます。
4 ② 1 万を 1 つ分と考えます。

教科書 下 20〜35 ページ　答え 26 ページ

知識・技能　／84点

1 よく出る 次の □ にあてはまる数を書きましょう。　□1つ4点(24点)

① 1万を8こと、千を1こと、十を5こ合わせた数は □ です。

② 520190 は、□ を 52 こと、□ を 19 こ合わせた数です。

③ 1万を 2137 こ集めた数は □ です。

④ 7014903 の、一万の位の数字は □、百万の位の数字は □ です。

2 よく出る 次の数直線で、①、②が表す数を書きましょう。　1つ4点(8点)

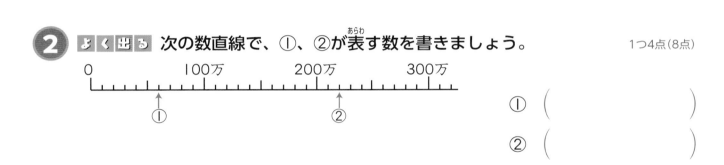

① (　　　　　　　　)

② (　　　　　　　　)

3 次の □ にあてはまる数を書きましょう。　□1つ4点(16点)

① 94000 — □ — 98000 — 100000 — □

② 5000万 — 5500万 — □ — 6500万 — □

4 よく出る 次の □ にあてはまる不等号を書きましょう。　1つ4点(8点)

① 539278 □ 536295　② 297000 □ 1890000

できたらスゴイ！

5 次の数を、小さい数からじゅんに書きましょう。　　　　　　　　　　(4点)
（89000、100900、90009、98800）

（　　　　　　→　　　　　　→　　　　　　→　　　　　）

6 **よく出る** 次の数をもとめましょう。　　　　　　　　　　1つ4点(16点)
①　53 を 10 倍した数。　　　　　　②　98 を 100 倍した数。

（　　　　　　　）　　　　　　　（　　　　　　　）

③　39 を 1000 倍した数。　　　　　④　730 を 10 でわった数。

（　　　　　　　）　　　　　　　（　　　　　　　）

7 次の計算をしましょう。　　　　　　　　　　1つ4点(8点)
①　58 万＋65 万　　　　　　　　②　930000－260000

思考・判断・表現　　　　　　　　　　　　　　　　　／16点

8 東市の人口は 3750000 人で、西市の人口は 2730000 人です。

式・答え　1つ4点(16点)

①　2つの市の人口を合わせると、何人になりますか。
式

答え（　　　　　　　　　　）

②　2つの市の人口は、どちらが何人多いですか。
式

答え（　　　　　　　　　　）

ふりかえり 1 がわからないときは、62 ページの 1 にもどってみよう。

ぴったり1 じゅんび

12 小数

① はしたの表し方

教科書　下 38〜42 ページ　答え　27 ページ

✏ 次の◯にあてはまる数を書きましょう。

🎯 **ねらい**　小数を使って、はしたのかさが表せるようにしよう。

練習 **① ②** →

🐾 **1 dL より小さいはしたのかさの表し方**

右の小さい目もり1こ分は、0.1 dL です。

0.1 dL は、1 dL を 10 等分した1つ分で、**れい点一デシリットル**と読みます。

左の水のかさは 0.1 dL だね。

小数点

🐾 **小数、整数**

0.1、1.4 などの数を**小数**といい、「.」を**小数点**といいます。

また、0、1、27 などの数を**整数**といいます。

1　右の図で、ジュースのかさは何 dL ですか。

とき方　1 dL ますの小さい1目もりは◯ dL を表しています。

1 dL ますが1こ分と、小さい目もりが

◯ こ分で、◯ dL です。

はしたは、小数を使って表そう。

🎯 **ねらい**　いろいろなかさや長さを小数で表せるようにしよう。

練習 **③ ④** →

🐾 **0.1 L**

1 L を 10 等分した1つ分は、0.1 L です。

🐾 **0.1 cm、0.1 m**

1 cm を 10 等分した1つ分は、0.1 cm です。
1 m を 10 等分した1つ分は、0.1 m です。

0.1 L＝1 dL

0.1 cm＝1 mm
0.1 m＝10 cm

2　右の図で、水のかさは何 L ですか。
また、何 dL ですか。

とき方　1 L ますの小さい1目もりは① ◯ L を表しています。

水のかさは目もり4こ分だから、② ◯ L です。

0.1 L＝③ ◯ dL だから、0.4 L＝④ ◯ dL です。

ぴったり2
練習

★ できた問題には、「た」をかこう！★
でき ① でき ② でき ③ でき ④

学習日
月　　　日

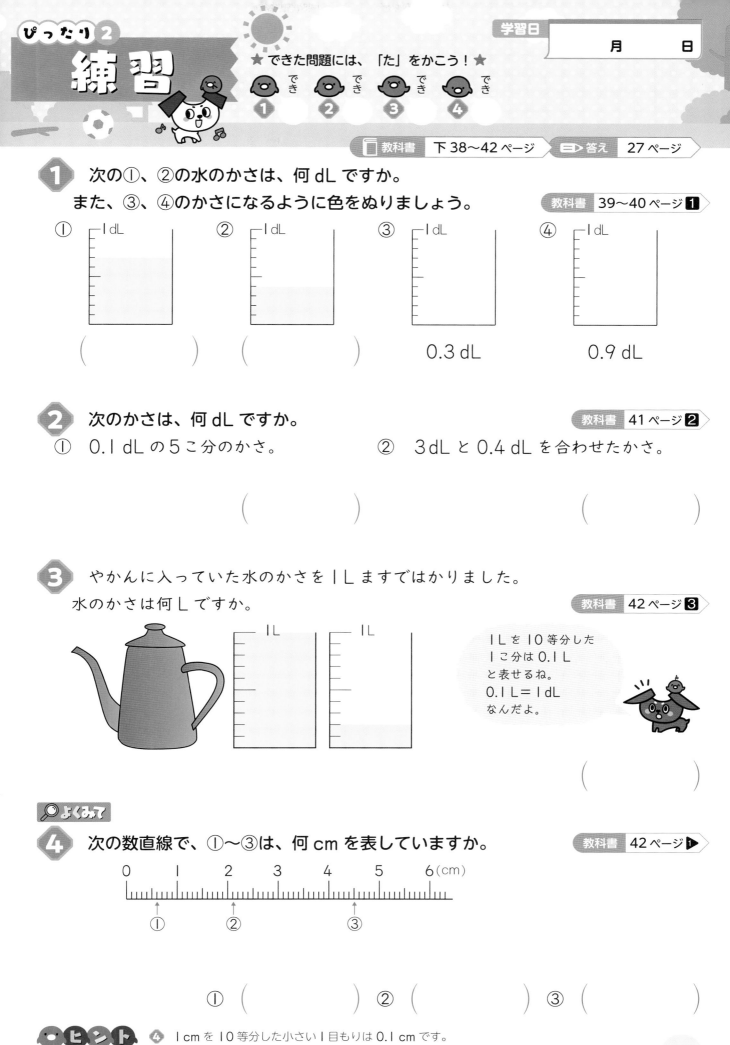

教科書 下 38〜42 ページ 　答え 27 ページ

1 次の①、②の水のかさは、何 dL ですか。
また、③、④のかさになるように色をぬりましょう。　教科書 39〜40 ページ **1**

① | dL　　② | dL　　③ | dL　　④ | dL

（　　　　　）（　　　　　）　0.3 dL　　0.9 dL

2 次のかさは、何 dL ですか。　教科書 41 ページ **2**

①　0.1 dL の 5 こ分のかさ。　　②　3 dL と 0.4 dL を合わせたかさ。

（　　　　　）　　　　　　　　（　　　　　）

3 やかんに入っていた水のかさを | L ますではかりました。
水のかさは何 L ですか。　教科書 42 ページ **3**

| L　　| L

| L を 10 等分した
| こ分は 0.1 L
と表せるね。
0.1 L = | dL
なんだよ。

（　　　　　）

🔍 よくみて

4 次の数直線で、①〜③は、何 cm を表していますか。　教科書 42 ページ ▶

0　1　2　3　4　5　6 (cm)

①　②　③

① （　　　　　） ② （　　　　　） ③ （　　　　　）

ヒント　④ | cm を 10 等分した小さい | 目もりは 0.1 cm です。

教科書　下 43〜45 ページ　　答え　27 ページ

次の◯にあてはまる数を書きましょう。

ねらい 小数のしくみを理かいしよう。　　練習 **①②→**

🐾 小数の位

小数点の右の位を、**小数第一位**といいます。

十の位	一の位	小数第一位
1	6 .	3

🐾 小数のしくみ

・小数も、整数と同じように、位ごとに分けて表すことができます。

　（れい）16.3 は、10 を 1 こと、1 を 6 こと、0.1 を 3 こ合わせた数です。

・小数は、0.1 のいくつ分で表すことができます。

　（れい）3.6 dL は、0.1 dL の 36 こ分です。

1 2.9 dL について答えましょう。

(1) 1 dL を何こ分と、0.1 dL を何こ分合わせたかさですか。

(2) 0.1 dL の何こ分のかさですか。

とき方 (1) 2.9 dL は、2 dL と ◯ dL です。

　　2 dL は、1 dL の ◯ こ分、0.9 dL は、0.1 dL の ◯ こ分です。

　(2) 1 dL は 0.1 dL の 10 こ分だから、2 dL は 0.1 dL の ◯ こ分です。

　　2.9 dL は 0.1 dL の、20 こ分と 9 こ分で ◯ こ分です。

ねらい 小数を数直線で考えられるようにしよう。　　練習 **③④→**

🐾 数直線と小数

小数も整数と同じように、数直線に表すことができます。

2 右の数直線で、↑の表している数を答えましょう。

とき方 小さい目もりは ◯ を表しています。

　ⓐ 0.1 の目もり 6 こ分で ◯ 。

　ⓘ 1 と 4 目もり分で ◯ 。

4 目もりは
0.4 だね。

ぴったり2

練習

★ できた問題には、「た」をかこう！★
でき ① でき ② でき ③ でき ④

学習日　　月　　日

教科書　下 43〜45 ページ　答え　27 ページ

1 次の□にあてはまる数を書きましょう。　教科書 43 ページ **1**

① 34.6 は、10 を □ こと、1 を □ こと、0.1 を □ こ合わせた数です。

② 10 を 8 こと、1 を 1 こと、0.1 を 5 こ合わせた数は □ です。

2 次の□にあてはまる数を書きましょう。　教科書 44 ページ **2**

① 1.2 dL は、0.1 dL が □ こ分。

0.1 dL が 10 こ分で 1 dL だよ。

② 0.1 L の 27 こ分で、□ L。

③ 0.1 dL の □ こ分で、4.1 dL。

④ 1 L の 3 こ分と、0.1 L の 3 こ分を合わせて □ L。

🔍 よくみて

3 次の数直線で、↑の表している小数を書きましょう。　教科書 45 ページ **3**

```
0        1        2        3        4
├┼┼┼┼┼┼┼┼┼┼┼┼┼┼┼┼┼┼┼┼┼┼┼┼┼┼┼┼┼┼┼┼┼┤
  ↑        ↑        ↑        ↑              ↑
  ①        ②        ③        ④              ⑤
```

① (　　　　　)　　② (　　　　　)　　③ (　　　　　)

④ (　　　　　)　　⑤ (　　　　　)

4 次の□にあてはまる不等号を書きましょう。　教科書 45 ページ **2**

① 2 □ 2.1　　② 1.3 □ 0.8　　③ 5.4 □ 5.2

ヒント　④ 不等号は 小＜大 大＞小 です。

ぴったり1 じゅんび

③ 小数のたし算とひき算

 次の ▢ にあてはまる数やことばを書きましょう。

⊚ねらい　小数のたし算ができるようにしよう。

練習 ❶ ❷ →

🐾 小数のたし算

小数のたし算は、0.1 のいくつ分になるかを
考えます。

$$0.3 + 0.5 = 0.8$$
$$↓　　↓　　↑$$
0.1 が 3こ + 5こ = 8こ

🐾 筆算のしかた

① たてに位をそろえて書く。　② 整数と同じように計算する。

③ 上の小数点にそろえて、答えの小数点を打つ。

```
   5.3
 + 1.4
   6.7
```

1　2.3＋1.5 を筆算でしましょう。

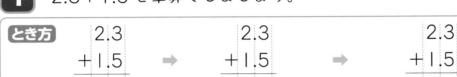

とき方

```
   2.3          2.3            2.3
 + 1.5   ➡   + 1.5    ➡    + 1.5
              3 8            3.8
            2+1  3+5
```

たてに位を　　　　整数と同じように　　上の小数点にそろえて
そろえて書く。　　計算する。　　　　　答えの ▢ を打つ。

```
 +
```

⊚ねらい　小数のひき算ができるようにしよう。

練習 ❸ ❹ →

🐾 小数のひき算

小数のひき算も、たし算と同じように、
0.1 のいくつ分になるかを考えます。

ひき算の筆算も、たし算と同じように位をそろえて書きます。

$$1 - 0.4 = 0.6$$
$$↓　　↓　　↑$$
0.1 が 10こ − 4こ = 6こ

2　3.4−1.6 を筆算でしましょう。

とき方

```
              2 10          2 10
   3.4        3.4           3.4           3.4
 − 1.6   ➡  − 1.6    ➡   − 1.6    ➡   − 1.6
              8            1 8           1.8
```

たてに位を　　　小数第一位は、　　一の位は、　　　　上の小数点に
そろえて書く。　一の位から　　　 1くり下げたから、　そろえて、答えの
　　　　　　　　1くり下げて、　　 ▢ −1=1　　　小数点を打つ。
　　　　　　　　▢ −6=8

```
 −
```

教科書　下 46〜48 ページ　答え　28 ページ

1 次の計算を筆算でしましょう。　　教科書 47 ページ 2

① 3.9＋2.6　　② 0.7＋5.3　　③ 4＋3.5

答えの小数点を
わすれないでね。

2 次の計算をしましょう。　　教科書 47 ページ 2

① 0.6＋0.2　　② 0.7＋0.6　　③ 2.2＋1.5

 まちがい注意

④ 2.4＋3.9　　⑤ 4.8＋5.2　　⑥ 3.6＋7

3 次の計算を筆算でしましょう。　　教科書 48 ページ 3

① 2.4－1.8　　② 5－2.7　　③ 8.5－1.5

答えのさいごの
0と小数点は？

4 次の計算をしましょう。　　教科書 48 ページ 3

① 0.8－0.7　　② 1.3－0.6　　③ 4.6－2.2

④ 3.2－1.4　　⑤ 7－0.9　　⑥ 6.2－6

 ヒント

2 ⑤ 小数の位のさいごが0になったら、0と小数点を消しておきます。
3 ② 一の位の5と2をたてにそろえて書きます。

ぴったり3
たしかめのテスト

⑫ 小数

時間 30 分
／100
ごうかく 80 点

教科書 下 38〜50 ページ　答え 28〜29 ページ

知識・技能 ／80点

1 よく出る 次のかさや長さを小数で表しましょう。 1つ4点（8点）

① | dL　| dL

（　　　　　　）

② 0　　　　　　　| (m)

（　　　　　　）

2 よく出る 次の □ にあてはまる数を書きましょう。 1つ4点（24点）

① | は、0.1 を [　　　] こ集めた数。

② 0.1 を 32 こ集めた数は、[　　　]。

③ 4.9 は、4 と [　　　] を合わせた数。

④ 4 dL を、小数を使って L で表すと、[　　　] L。

⑤ 7 cm 2 mm を、小数を使って cm で表すと、[　　　] cm。

⑥ 80 cm を、小数を使って m で表すと、[　　　] m。

3 次のカードの数を、大きいじゅんに書きましょう。 （10点）

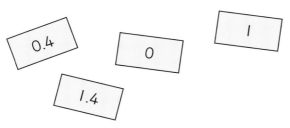

0.4　　　0　　　|

1.4

（　　　→　　　→　　　→　　　）

4 次の数直線で、↑の表している数を書きましょう。
また、2.3 を数直線に、↑を使って表しましょう。

1つ4点(8点)

（　　　　　）

5 よく出る 次の計算をしましょう。

1つ5点(30点)

① 0.3＋0.9 　　　　　② 1.2＋3.8

③ 3＋2.6 　　　　　④ 2.7－1.3

⑤ 2.5－1.8 　　　　　⑥ 4－1.2

思考・判断・表現　　　　　　　　　　／20点

6 あかりさんの持っているリボンの長さは 1.6 m、
こうきさんの持っているリボンの長さは 2.1 m です。
合わせると、リボンの長さは何 m になりますか。

式・答え　1つ5点(10点)

式

答え（　　　　　　　）

できたらスゴイ！

7 ジュースが 1 L あります。かいとさんが飲んだあと調べたら、7 dL のこってい
ました。
かいとさんが飲んだジュースは何 L ですか。

式・答え　1つ5点(10点)

式

答え（　　　　　　　）

ふりかえり　①がわからないときは、68 ページの①にもどってみよう。

ふろくの「計算せんもんドリル」 30 ～ 32 もやってみよう！

13 三角形と角
① 二等辺三角形と正三角形
② 三角形のかき方

教科書　下 52〜61 ページ　　答え　29 ページ

✎ 次の◯にあてはまる記号や数を書きましょう。

◎ねらい　二等辺三角形、正三角形のせいしつを理かいしよう。　　練習 ① ③ →

🐾 二等辺三角形、正三角形

★ 2つの辺の長さが等しい三角形を、**二等辺三角形**といいます。

★ 3つの辺の長さが等しい三角形を、**正三角形**といいます。

1 次の三角形の中で、二等辺三角形はどれですか。
また、正三角形はどれですか。

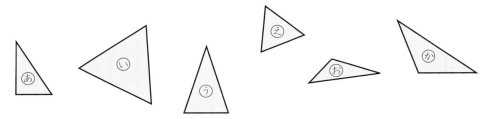

とき方　二等辺三角形は、2つの辺の長さが等しい三角形なので、うと◯です。
正三角形は◯つの辺の長さが等しい三角形なので、いと◯です。

◎ねらい　二等辺三角形や正三角形がかけるようにしよう。　　練習 ② →

🐾 三角形のかき方

3つの辺の長さがわかっている三角形は、コンパスを使ってかくことができます。
コンパスを、決められた辺の長さに開いて、ちょう点のいちを決めます。

2 1つの辺の長さが3cmの正三角形アイウをかきましょう。

とき方　❶ ◯cmの
辺イウをかく。

❷ 点イと点ウを中心に
して、半径◯cm
の円の一部をかく。

❸ 2つの円の一部が交
わった点をアとして、
アとイ、アとウを直線
でむすぶ。

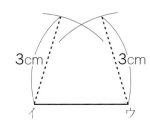

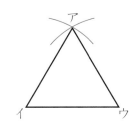

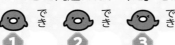
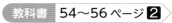
教科書　下 52〜61 ページ　　答え　29〜30 ページ

🔍 よくみて

1 次の三角形の中で、二等辺三角形はどれですか。
また、正三角形はどれですか。すべて答えましょう。

教科書　54〜56 ページ 2

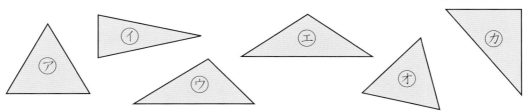

二等辺三角形 （　　　　　　　　　　　　）

正三角形 （　　　　　　　　　　　　）

2 次の三角形をかきましょう。

教科書　58 ページ 1、59 ページ 2

① 3つの辺の長さが、
4cm、4cm、6cm の二等辺三角形。

② １つの辺の長さが、4cm の正三角形。

3 右の円の半径は 2cm です。この円を使って、次の三角
形をかきましょう。

教科書　60 ページ 3

① 3つの辺の長さが、2cm、2cm、3cm の二等辺三角形。

② １つの辺の長さが、2cm の正三角形。

・ア

 ❶ 2つの辺の長さが等しい三角形を二等辺三角形、3つの辺の長さが
等しい三角形を正三角形といいます。

教科書 下62〜66ページ ➡答え 30ページ

✏️ 次の □ にあてはまることばや記号を書きましょう。

◎ **ねらい** 角がわかるようにしよう。　　　　　　　　　　練習 ①→

🐾**角**

　１つの点から出ている２本の直線が作る形を、**角**といいます。このとき、１つの点を角の**ちょう点**、２本の直線を、それぞれ角の**辺**といいます。

　角を作っている辺の開きぐあいを、**角の大きさ**といいます。

　角の大きさは、辺の長さにかんけいなく、辺の開きぐあいで決まります。

1 右の図で、どちらの角が大きいですか。

とき方 辺の開きぐあいが □ 方が、角が大きいといいます。

⑦と⑦では、□ の角の方が大きいです。

紙に写し取って重ねてみよう。

◎ **ねらい** 二等辺三角形と正三角形の角の大きさについて理かいしよう。　練習 ②③④→

🐾 **二等辺三角形と正三角形の角**

⭐二等辺三角形では、２つの角の大きさが等しくなっています。

⭐正三角形では、３つの角の大きさがすべて等しくなっています。

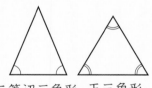

二等辺三角形　正三角形

🐾 **直角二等辺三角形**

　二等辺三角形の中で、１つの角が直角であるものを**直角二等辺三角形**といいます。

直角二等辺三角形

2 右の(1)、(2)の三角形で、同じ大きさの角はどれですか。

（二等辺三角形）

（正三角形）

とき方(1) 二等辺三角形では、２つの角の大きさが等しいです。

⑦と □ です。

(2) 正三角形では、３つの角の大きさが等しいです。

⑦と □ と □ です。

教科書　下62〜66ページ　　答え　30ページ

1 次の㋐〜㋔の角を、大きいじゅんにならべましょう。　教科書 62〜63ページ **1**

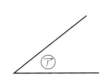  

（　　　→　　　→　　　→　　　）

2 右の㋐は二等辺三角形、㋑は正三角形です。　教科書 63〜64ページ **2**

① ㋑の角と同じ大きさの角はどれですか。

（　　　　　　　　）

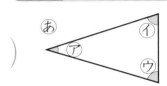

② ㋔の角と同じ大きさの角はどれですか。
すべて答えましょう。

（　　　　　　　　）

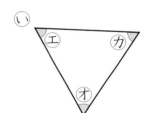

3 右の三角じょうぎについて答えましょう。　教科書 64ページ ▶

① 同じ大きさの角はどれとどれですか。

（　　　　　　　　）

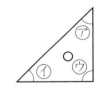

② 何という名前の三角形ですか。

（　　　　　　　　）

！ まちがい注意

4 同じ三角じょうぎを2まい使って、次の三角形を作りました。
何という三角形ができましたか。

教科書 65ページ ▶

① 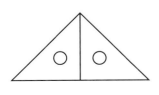　　　② 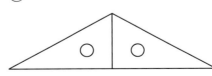　　　③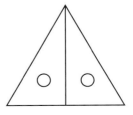

（　　　　　）（　　　　　）（　　　　　）

●ヒント
1 紙に写し取って重ねたり、三角じょうぎの角と大きさをくらべて考えます。
4 ①は、直角のかどができます。③は、辺の長さを調べてみます。

79

⑬ 三角形と角

教科書 下52～68ページ　答え 30～31ページ

知識・技能 ／68点

1 よく出る 次の三角形の中で、二等辺三角形はどれですか。また、正三角形はどれですか。

1つ6点(12点)

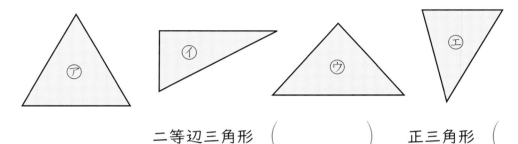

二等辺三角形 （　　　　　）　　正三角形 （　　　　　）

2 次の □ にあてはまる三角形の名前を答えましょう。

1つ6点(24点)

① 3つの辺の長さが5cm、7cm、7cmの三角形は [　　　　　　　] です。

② 3つの辺の長さが、どれも8cmの三角形は [　　　　　　] です。

③ [　　　　　　] の2つの角の大きさは同じです。

④ [　　　　　　] の3つの角の大きさは同じです。

3 次の三角形をかきましょう。

1つ8点(16点)

① 3つの辺の長さが、4cm、3cm、3cmの二等辺三角形。

② 1つの辺の長さが、5cmの正三角形。

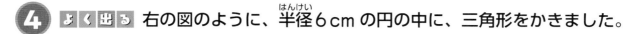

4 よく出る 右の図のように、半径6cmの円の中に、三角形をかきました。

1つ8点(16点)

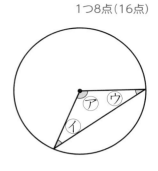

① かいた三角形は、何という三角形ですか。

( )

② 大きさが等しい角はどれですか。

( )

思考・判断・表現 ／32点

できたらスゴイ！

5 右のように、長方形の紙を2つにおって、アウの直線のところを切ります。

1つ8点(16点)

① 三角形アイウを開くと、何という三角形になりますか。

( )

② 三角形アイウを開くと正三角形になるのは、アウの長さが何cmのときですか。

( )

6 右の図の3つの円の半径は、どれも3cmで、中心はア、イ、ウです。カキ、キク、クカはそれぞれの円の直径です。
三角形カキクは、何という三角形ですか。
また、そのわけをせつめいしましょう。

1つ8点(16点)

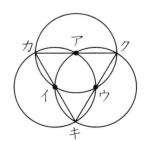

三角形の名前 ( )

せつめい (

)

 ① がわからないときは、76ページの ① にもどってみよう。

81

ぴったり1 じゅんび

3分でまとめ

14 2けたをかけるかけ算

① 何十をかけるかけ算
② （2けた）×（2けた）の計算

学習日　　月　　日

教科書 下 72～79 ページ　　答え 31 ページ

✏ 次の ◯ にあてはまる数を書きましょう。

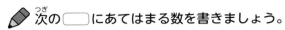

🎯 **ねらい** 何十をかけるかけ算ができるようにしよう。　　練習 ①→

🐾 **何十をかけるかけ算**

かけられる数やかける数を 10 倍すると、答えも 10 倍になります。

$2 \times 40 = 80$　　$20 \times 40 = 800$

10倍　10倍　10倍　10倍　100倍

$2 \times 4 = 8$　　$2 \times 4 = 8$

かけられる数とかける数をそれぞれ 10 倍すると、答えは 100 倍になります。

1 (1) 6×20　　(2) 40×80　　を計算しましょう。

とき方 (1)　$6 \times 20 = \boxed{}$　　　　(2)　$40 \times 80 = \boxed{}$

10倍　　10倍　　　　　　　　　　10倍　　10倍　　100倍

$6 \times 2 = 12$　　　　　　　　　　$4 \times 8 = 32$

🎯 **ねらい** （2けた）×（2けた）の計算ができるようにしよう。　　練習 ② ③→

🐾 **（2けた）×（2けた）のかけ算**

18×24 のかけ算は、18×4 と 18×20 を合わせたものと考えます。

18×24 ⟨ $18 \times 4 = 72$
$18 \times 20 = 360$

合わせて 432

🐾 **筆算のしかた**

一の位からじゅんに、位ごとに計算します。

```
   1 8
 × 2 4
─────
   7 2  ← 18×4=72
 3 6 0  ← 18×20=360
─────
 4 3 2  ← 72+360=432
```

2 16×23 を筆算でしましょう。

16 に 3 をかけます。　　16 に 20 をかけます。　　48 と ② □ をたします。

$16 \times 3 = $ ① □　　　　$16 \times 20 = 320$

練習

教科書　下 72〜79 ページ　　答え　31〜32 ページ

1 次の計算をしましょう。

教科書　74〜75 ページ **2**

① 3×30

② 5×80

③ 60×9

④ 30×60

⑤ 90×80

⑥ 20×50

2 次の計算をしましょう。

教科書　76〜79 ページ **1**〜**3**

①
	1	3
×	2	4

②
	7	3
×	2	1

③
	2	5
×	3	0

3 次の計算を筆算でしましょう。

教科書　76〜79 ページ **1**〜**3**

① 22×11

② 23×32

③ 42×14

④ 64×38

⑤ 85×26

⑥ 98×75

！まちがい注意

⑦ 94×50

⑧ 70×59

交かんのきまりを
使ってもいいね。

　**2** ③　25×0 の計算は、はぶきます。
　　　　　3 ⑦⑧　答えの一の位の0をわすれないようにします。

83

14 2けたをかけるかけ算

③ （3けた）×（2けた）の計算

④ 暗算

教科書　下80〜82ページ　答え　32ページ

✏️ 次の ☐ にあてはまる数を書きましょう。

◎ねらい　（3けた）×（2けた）の計算ができるようにしよう。　練習 ① ②➡

🐾 （3けた）×（2けた）のかけ算

321×23 のかけ算は、321×3 と 321×20 を合わせたものと考えます。

🐾 筆算のしかた

数が大きくなっても、かける数の位ごとに計算します。

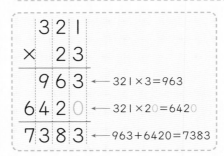

```
  3 2 1
×  2 3
  9 6 3  ← 321×3=963
6 4 2 0  ← 321×20=6420
7 3 8 3  ← 963+6420=7383
```

1 246×32 を筆算でしましょう。

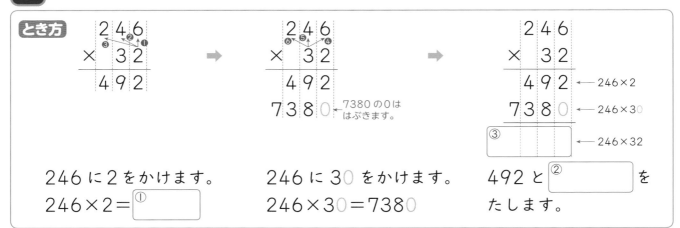

とき方

```
  2 4 6
×  3 2
  4 9 2
```
➡
```
  2 4 6
×  3 2
  4 9 2
7 3 8 0  ← 7380の0ははぶきます。
```
➡
```
  2 4 6
×  3 2
  4 9 2  ← 246×2
7 3 8 0  ← 246×30
  ③       ← 246×32
```

246 に 2 をかけます。
246×2＝①☐

246 に 30 をかけます。
246×30＝7380

492 と ②☐ をたします。

◎ねらい　暗算で計算ができるようにしよう。　練習 ③➡

🐾 暗算のくふう

5×2＝10、25×4＝100 のように、ちょうどの数になる計算をおぼえておくと、暗算がしやすくなります。

2 25×27×4 を暗算でしましょう。

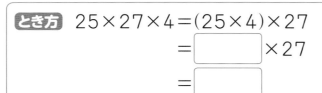

とき方　25×27×4＝（25×4）×27

　　　　＝ ☐ ×27

　　　　＝ ☐

交かんのきまりを使って計算しよう。

1 次の計算をしましょう。

教科書　80 ページ 1 、81 ページ 2

①
	4	3	2
×		1	2

②
		3	6	4
	×		4	3

③
		7	0	3
	×		8	6

2 次の計算を筆算でしましょう。

教科書　80 ページ 1 、81 ページ 2

① 134×22　　② 312×13　　③ 476×82

④ 867×93　　⑤ 756×58　　⑥ 840×46

！まちがい注意

⑦ 509×87　　⑧ 802×50　　⑨ 600×97

3 次の①、②の計算を、暗算でしました。□ にあてはまる数を書きましょう。

教科書　82 ページ 1

① $25×12=25×(4×\boxed{})$　　② $2×16×5=(2×\boxed{})×16$

　　$=(25×4)×\boxed{}$　　　　$=\boxed{}×16$

　　$=\boxed{}$　　　　　　　　$=\boxed{}$

ヒント　2 かけられる数やかける数に 0 があるときは、数字を書くいちに注意します。
⑧ 802×0 の計算は、はぶきます。

85

⑭ 2けたをかけるかけ算

時間 **30** 分

／100

ごうかく **80** 点

教科書 下 72〜84 ページ 答え 33〜34 ページ

知識・技能 ／70点

1 次の計算をしましょう。 1つ4点（8点）

① 7×60

② 60×80

2 よく出る 次の計算をしましょう。 1つ5点（40点）

① 19×14

② 23×54

③ 76×64

④ 36×40

⑤ 60×56

⑥ 382×39

⑦ 770×57

⑧ 409×28

3 よく出る 次の筆算はまちがっています。

まちがいを見つけ、正しく計算しましょう。 1つ5点（10点）

①
```
    35
  ×87
  ───
   245
   280
  ───
   525
```
正しい筆算

②
```
    860
  ×  45
  ────
   4300
   3424
  ─────
  38540
```
正しい筆算

できたらスゴイ!

4 暗算のしかたを考えて、計算しましょう。

1つ4点(12点)

① 50×27×2 　　　② 40×9×25 　　　③ 125×8

思考・判断・表現 　　　　　　　　　　　　　　　／30点

5 よく出る 24 こ入りのおかしの箱が 19 箱あります。

おかしは、全部で何こありますか。

式·答え　1つ5点(10点)

式

答え（　　　　　　　）

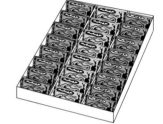

6 えん筆を 1 人に 20 本ずつ、36 人に配るには、えん筆は全部で何本いりますか。

式·答え　1つ5点(10点)

式

答え（　　　　　　　）

7 308 円のノートを 32 さつ買うと、代金は何円になりますか。式·答え　1つ5点(10点)

式

答え（　　　　　　　）

 ❶がわからないときは、82 ページの❶にもどってみよう。

ふろくの「計算せんもんドリル」34〜40もやってみよう!

学習日　　月　　日

教科書　下 86〜91 ページ　　答え　34 ページ

✏️ 次の ◯ にあてはまる数を書きましょう。

🎯 ねらい　はしたの大きさを表す分数の表し方を理かいしよう。　　練習 **① ② ③ ④** →

🐾 分数

1m を 4 等分した 1 こ分の長さを $\frac{1}{4}$ m

と書き、**四分の一メートル**と読みます。

4 こ分で 1m になるはしたの長さは、

1m を 4 等分した 1 こ分の長さと同じで、$\frac{1}{4}$ m です。

1　右の図のように、5 こ分で 1m になるはしたの
長さは、何 m ですか。

とき方 5 こ分で 1m になるはしたの長さは、

1m を ◯ 等分した 1 こ分の長さと同じだから、

◯ m です。

🎯 ねらい　分数の分母と分子の意味を理かいしよう。　　練習 **① ② ③ ④** →

🐾 分母、分子

$\frac{1}{4}$ L の 3 こ分のかさを $\frac{3}{4}$ L と書き、**四分の三リットル**と読み

ます。線の下の数を**分母**といい、線の上の数を**分子**といいます。

分母は、もとになる大きさを何等分したかを表し、分子は、そ
れを何こ集めたかを表しています。

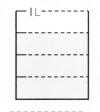

$\dfrac{3\cdots分子}{4\cdots分母}$

2　右の水のかさについて答えましょう。
(1)　1 目もり分のかさは、何 L ですか。
(2)　水のかさは、何 L ですか。

$\frac{3}{4}$ も分数だよ。

とき方 (1)　1L を 5 等分した 1 こ分だから、◯ L です。

(2)　$\frac{1}{5}$ L の ◯ こ分だから、◯ L です。

ぴったり2
練習

★ できた問題には、「た」をかこう！★
でき 1 でき 2 でき 3 でき 4

学習日
月　　日

教科書　下 86～91 ページ　答え　34 ページ

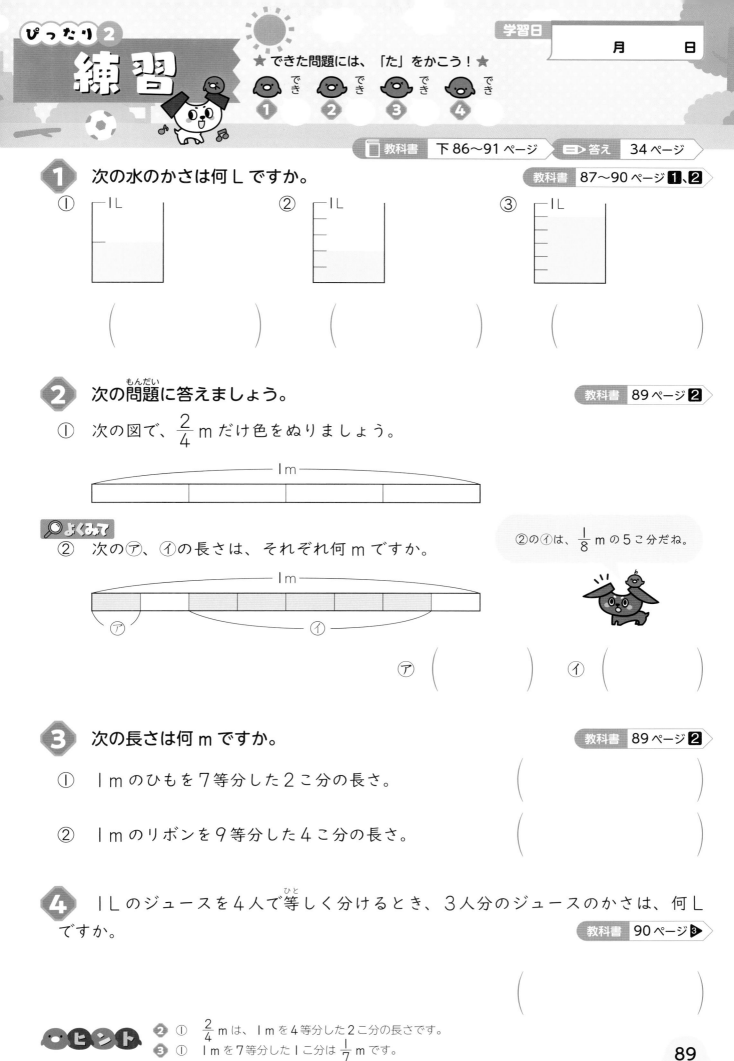

1 次の水のかさは何 L ですか。

教科書 87～90 ページ ◆1、◆2

① ② ③

（　　　　　）　（　　　　　）　（　　　　　）

2 次の問題に答えましょう。

教科書 89 ページ ◆2

①　次の図で、$\frac{2}{4}$ m だけ色をぬりましょう。

―1m―

よくみて

②　次の⑦、⑦の長さは、それぞれ何 m ですか。

―1m―

②の⑦は、$\frac{1}{8}$ m の 5 こ分だね。

⑦（　　　　　）　⑦（　　　　　）

3 次の長さは何 m ですか。

教科書 89 ページ ◆2

①　1m のひもを 7 等分した 2 こ分の長さ。　（　　　　　）

②　1m のリボンを 9 等分した 4 こ分の長さ。　（　　　　　）

4 1L のジュースを 4 人で等しく分けるとき、3 人分のジュースのかさは、何 L ですか。

教科書 90 ページ ◆3

（　　　　　）

●ヒント

2 ①　$\frac{2}{4}$ m は、1m を 4 等分した 2 こ分の長さです。
3 ①　1m を 7 等分した 1 こ分は $\frac{1}{7}$ m です。

教科書　下 92〜95 ページ　　答え　34 ページ

✏ 次の □ にあてはまる数や記号を書きましょう。

🎯 **ねらい** 分数の大きさがわかるようにしよう。　　練習 ❶ ❷ →

🐾 **分数の大きさ**

分母と分子が同じ数のときは、1 と等しくなります。

分母が同じ分数では、分子が大きい方が大きくなります。

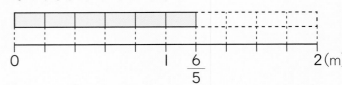
$$\frac{5}{5} = 1$$

🐾 **1 より大きい分数**

$\frac{1}{5}$ m の 6 こ分の長さを

$\frac{6}{5}$ m と書き、**五分の六メートル**と読みます。$\frac{6}{5}$ m は 1 m より長い長さです。

1 $\frac{3}{4}$ m と 1 m では、どちらが長いですか。

とき方 $\frac{3}{4}$ m は、$\frac{1}{4}$ m の □ こ分、

1 m は $\frac{4}{4}$ m で、$\frac{1}{4}$ m の □ こ分です。

このことから、□ m の方が長いです。

$\frac{4}{4} = 1$ だから、

1 m は $\frac{4}{4}$ m だよ。

🎯 **ねらい** 分数と小数のかんけいを理かいしよう。　　練習 ❸ ❹ →

🐾 **分数と小数**

$\frac{1}{10}$ を小数で表すと、0.1 になります。

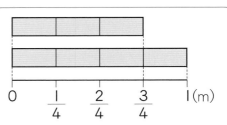
$$\frac{1}{10} = 0.1$$

小数第一位のことを、$\frac{1}{10}$ の位ともいいます。

2 次の □ にあてはまる等号や不等号を書きましょう。

(1) $\frac{5}{10}$ □ 0.4

(2) 0.3 □ $\frac{3}{10}$

とき方 (1) 分数にそろえてくらべると、$0.4 = \frac{□}{10}$ だから、$\frac{5}{10}$ □ 0.4 です。

(2) 小数にそろえてくらべると、$\frac{3}{10} = □$ だから、0.3 □ $\frac{3}{10}$ です。

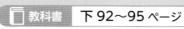

教科書　下 92〜95 ページ　　答え　35 ページ

1 次の長さを、右の□□の中からえらびましょう。　教科書　92 ページ **1**、93 ページ **2**

① $\frac{1}{4}$ m の３こ分の長さ。　（　　　　　　）

② １m と同じ長さ。　（　　　　　　）

③ １m より長い長さ。　（　　　　　　）

| $\frac{5}{4}$ m | $\frac{1}{4}$ m | $\frac{4}{4}$ m |
| $\frac{3}{4}$ m | $\frac{7}{4}$ m | $\frac{2}{4}$ m |

2 次の数直線で、↑ の表している数を書きましょう。　教科書　92 ページ **1**、93 ページ **2**

0　　　　　　　　　　　１　　　　　　　　　　　2 (m)

①　　　　②　　　　③

① （　　　　　　）　② （　　　　　　）　③ （　　　　　　）

3 次の問題に答えましょう。

また、①〜③の数を下の数直線に↓でかき入れましょう。　教科書　95 ページ **4**

① $\frac{3}{10}$ を小数で表しましょう。　　② 0.8 を分数で表しましょう。

（　　　　　　）　　　　　　（　　　　　　）

③ $\frac{1}{10}$ の６こ分を、分数と小数で表しましょう。

分数 （　　　　　　）　　　小数 （　　　　　　）

0　　　　　　　　　　　　　　　　　　　　　　１

🔍 よくみて

4 次の□にあてはまる等号や不等号を書きましょう。　教科書　95 ページ **4**

① 0.3 □ $\frac{4}{10}$　　② $\frac{9}{10}$ □ 0.9　　③ $\frac{5}{5}$ □ $\frac{7}{10}$

ヒント　**2** 数直線の１目もりの大きさを考えて、そのいくつ分になっているかを調べましょう。

学習日 月 日

教科書 下 96〜97 ページ 答え 35 ページ

次の ▱ にあてはまる数を書きましょう。

ねらい 分数のたし算ができるようにしよう。 練習 ① ②➡

🐾 **分数のたし算**

もとにする分数のいくつ分になるかを考えます。

分子どうしをたします。

$$\frac{2}{7} + \frac{3}{7} = \frac{5}{7}$$

$\frac{1}{7}$ が、2こ＋3こ＝5こ

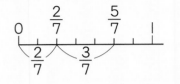

1 次の計算をしましょう。

(1) $\frac{3}{8} + \frac{4}{8}$

(2) $\frac{2}{5} + \frac{3}{5}$

とき方 (1) $\frac{3}{8}$ は $\frac{1}{8}$ が3こ分、$\frac{4}{8}$ は $\frac{1}{8}$ が ▱ こ分。

$\frac{1}{8}$ が 3＋4＝▱（こ）だから、$\frac{3}{8} + \frac{4}{8} = $ ▱

(2) $\frac{2}{5} + \frac{3}{5} = \dfrac{▱}{5} = $ ▱

分母をたしてはいけないよ。

ねらい 分数のひき算ができるようにしよう。 練習 ③ ④➡

🐾 **分数のひき算**

もとにする分数のいくつ分になるかを考えます。

分子どうしをひきます。

$$\frac{5}{6} - \frac{3}{6} = \frac{2}{6}$$

$\frac{1}{6}$ が、5こ－3こ＝2こ

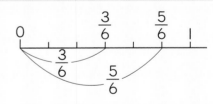

2 次の計算をしましょう。

(1) $\frac{6}{9} - \frac{2}{9}$

(2) $1 - \frac{1}{4}$

とき方 (1) $\frac{6}{9}$ は $\frac{1}{9}$ が6こ分、$\frac{2}{9}$ は $\frac{1}{9}$ が ▱ こ分。

$\frac{1}{9}$ が 6－2＝▱（こ）だから、$\frac{6}{9} - \frac{2}{9} = $ ▱

(2) $1 = \dfrac{▱}{4}$ だから、$1 - \frac{1}{4} = \dfrac{▱}{4} - \frac{1}{4} = $ ▱

1は $\frac{1}{4}$ のいくつ分かな？

ぴったり 2
練習

★ できた問題には、「た」をかこう！★

でき ① でき ② でき ③ でき ④

学習日 　月　　日

教科書 下 96〜97 ページ | 答え 35〜36 ページ

① $\dfrac{3}{5}$ L と $\dfrac{1}{5}$ L を合わせたかさをもとめます。次の □ にあてはまる数を書きましょう。

また、答えのかさだけ色をぬりましょう。

教科書 96 ページ **1**

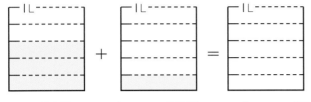

$$\dfrac{3}{5} + \dfrac{1}{5} = \boxed{④} \ (L)$$

$\dfrac{1}{5}$ L が $\boxed{①}$ こ　$\dfrac{1}{5}$ L が $\boxed{②}$ こ　$\dfrac{1}{5}$ L が $\boxed{③}$ こ

② 次の計算をしましょう。

教科書 96 ページ **1**

① $\dfrac{1}{5} + \dfrac{2}{5}$ 　　② $\dfrac{5}{9} + \dfrac{2}{9}$ 　　③ $\dfrac{3}{7} + \dfrac{3}{7}$

！まちがい注意

④ $\dfrac{1}{4} + \dfrac{1}{4}$ 　　⑤ $\dfrac{2}{6} + \dfrac{4}{6}$ 　　⑥ $\dfrac{4}{10} + \dfrac{6}{10}$

③ $\dfrac{5}{6}$ L から $\dfrac{2}{6}$ L をひいたかさをもとめます。次の □ にあてはまる数を書きましょう。

また、答えのかさだけ色をぬりましょう。

教科書 97 ページ **2**

$$\dfrac{5}{6} - \dfrac{2}{6} = \boxed{④} \ (L)$$

$\dfrac{1}{6}$ L が $\boxed{①}$ こ　$\dfrac{1}{6}$ L が $\boxed{②}$ こ　$\dfrac{1}{6}$ L が $\boxed{③}$ こ

④ 次の計算をしましょう。

教科書 97 ページ **2**

① $\dfrac{3}{4} - \dfrac{2}{4}$ 　　② $\dfrac{4}{5} - \dfrac{2}{5}$ 　　③ $\dfrac{7}{9} - \dfrac{6}{9}$

④ $\dfrac{5}{6} - \dfrac{1}{6}$ 　　⑤ $1 - \dfrac{1}{8}$ 　　⑥ $1 - \dfrac{3}{10}$

● **ヒント**　❷ 答えが整数になるときは、整数にします。
　　　　　　❹ ⑤⑥ 1を分数で表して計算します。

ぴったり3
たしかめのテスト

⑮ 分数

時間 30 分
／100
ごうかく 80 点

教科書　下 86〜99 ページ　　答え　36〜37 ページ

知識・技能　　　　　　　　　　　　　　　　　　／80点

1 次のかさだけ色をぬりましょう。　　　　　　1つ4点(8点)

①　$\frac{2}{6}$ L

②　$\frac{3}{5}$ L

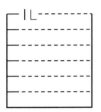

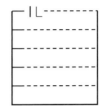

2 よく出る 次の◯にあてはまる数を書きましょう。　　1つ4点(16点)

①　$\frac{1}{4}$ dL の 2 こ分は、□ dL です。

②　$\frac{1}{8}$ m の□こ分は、$\frac{5}{8}$ m です。

③　$\frac{1}{7}$ L の 7 こ分は、□ L です。

④　$\frac{1}{9}$ m の□こ分は、$\frac{11}{9}$ m です。

3 次の□にあてはまる等号や不等号を書きましょう。　　1つ4点(24点)

①　$\frac{3}{8}$ □ $\frac{4}{8}$

②　0.8 □ $\frac{7}{10}$

③　$\frac{7}{7}$ □ 1

④　0.3 □ $\frac{2}{10}$

⑤　$\frac{10}{10}$ □ 0.1

⑥　1 □ $\frac{5}{4}$

4 よく出る 次の計算をしましょう。

1つ4点（32点）

① $\dfrac{1}{3} + \dfrac{1}{3}$

② $\dfrac{1}{4} + \dfrac{2}{4}$

③ $\dfrac{5}{8} + \dfrac{2}{8}$

④ $\dfrac{4}{9} + \dfrac{5}{9}$

⑤ $\dfrac{4}{9} - \dfrac{3}{9}$

⑥ $\dfrac{6}{7} - \dfrac{2}{7}$

⑦ $\dfrac{5}{8} - \dfrac{1}{8}$

⑧ $1 - \dfrac{3}{6}$

思考・判断・表現 　　　　　　　　　　　　　　　／20点

5 ジュースがコップに $\dfrac{3}{10}$ L、パックに $\dfrac{4}{10}$ L 入っています。

ジュースは合わせて何 L ありますか。分数で答えましょう。　式・答え　1つ5点（10点）

式

答え（　　　　　　　　　　）

できたらスゴイ！

6 リボンが 1m あります。このリボンから $\dfrac{2}{9}$ m と $\dfrac{3}{9}$ m

の2本を切り取りました。

リボンは何 m のこっていますか。　式・答え　1つ5点（10点）

式

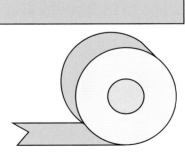

答え（　　　　　　　　　　）

ふりかえり ❸がわからないときは、90ページの**1**、**2**にもどってみよう。

ふろくの『計算せんもんドリル』33 もやってみよう！

① 重さの表し方

教科書 下 102〜109 ページ　答え 37 ページ

✏ 次の ◯ にあてはまる数を書きましょう。

◎ねらい　重さのたんいがわかるようにしよう。　　練習 ❶❷❸→

🐾 重さのたんい

　重さは、たんいになる重さの何こ分で表すことができます。

☆g（グラム）… 1円玉 1 この重さは 1g です。

☆kg（キログラム）…重い重さのたんいに kg
　があります。水 1L の重さは 1kg です。

　　　　1kg＝1000g

☆t（トン）…とても重い重さのたんいに t があります。　1t＝1000kg

1 次の ◯ にあてはまる数を書きましょう。

(1) 2kg＝◯ g

(2) 2340g＝◯ kg ◯ g

とき方 (1) 2kg は 1kg の 2 こ分です。

　　　1kg＝◯ g だから、1000g の 2 こ分で、2kg＝◯ g

(2) 2340g は、2000g と ◯ g です。
　　　　　↳2kg

　2340g＝◯ kg ◯ g

kg			g
2	3	4	0

km、m の
かんけいと
にているね。

2 右のはかりについて答えましょう。

(1) このはかりは、何 kg まではかれますか。

(2) 大きい 1 目もりは、何 g を表していますか。

(3) はりが指している目もりは、何 kg 何 g ですか。

とき方 (1) 0 の目もりの下に書いてある重さを読みます。◯ kg です。

(2) 1kg（1000g）を ◯ 等分しているから、◯ g を表します。

(3) 1kg と大きい目もり 4 つ分（400g）だから、◯ kg ◯ g です。

0	500g	1kg	1kg 500g

↑

教科書 下 102〜109 ページ　答え 37 ページ

1 ①〜③のはかりのはりが指している目もりは、何 kg 何 g ですか。
また、それは何 g ですか。④のはかりには、850 g を指すはりをかき入れましょう。

教科書 107〜108 ページ 4

①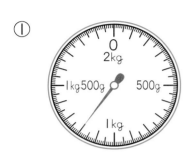

☐ kg ☐ g、☐ g

②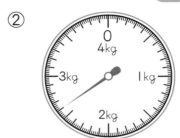

☐ kg ☐ g、☐ g

 よくみて

③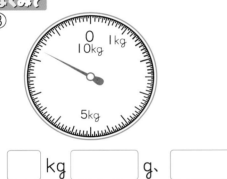

☐ kg ☐ g、☐ g

④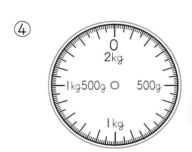

１目もりの大きさを
よくたしかめよう。

2 次の ☐ にあてはまる数を書きましょう。

教科書 107〜109 ページ 4、5

①　1 kg 900 g ＝ ☐ g

②　3750 g ＝ ☐ kg ☐ g

③　5 kg 40 g ＝ ☐ g

④　2 t ＝ ☐ kg

3 次の（　）にあてはまる重さのたんいを書きましょう。

教科書 109 ページ 5

①　ゾウの体重………5（　　）

②　図かんの重さ……825（　　）

③　水そうの重さ……7（　　）

ヒント　2　1 kg＝1000 g、1 t＝1000 kg
3　1 g は１円玉１まいの重さ、1 kg は水１L の重さです。

16 重さ
② りょうのたんい
③ 小数で表された重さ
④ もののかさと重さ　⑤ 重さの計算

📖 教科書　下 110〜113 ページ　　🔲 答え　38 ページ

✏ 次の□にあてはまる数を書きましょう。

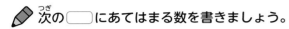 ◎ねらい　りょうのたんいのかんけいと小数で表された重さを理かいしよう。　練習 ❶ ❷ ➡

🐾 たんいのかんけい

長さ、かさ、重さのたんいには、右の表のようなかんけいがあります。

1000 mg（ミリグラム）＝1g
1000 L＝1 kL（キロリットル）

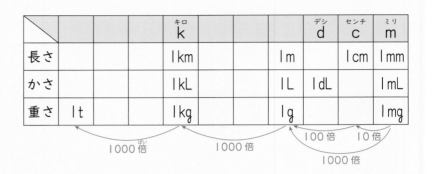

				キロ k				デシ d	センチ c	ミリ m
長さ				1km			1m		1cm	1mm
かさ				1kL			1L	1dL		1mL
重さ	1t			1kg			1g			1mg

1000倍　1000倍　100倍　10倍　1000倍

🐾 小数で表された重さ

重さも小数を使うと、kg などの1つのたんいで表すことができます。

0.1 kg は、1kg を 10 等分した1つ分だから、0.1 kg＝100 g です。

1　0.8 kg は何 g ですか。また、1 kg 400 g は何 kg ですか。

とき方　0.8 kg は、0.1 kg の ① □ こ分です。

0.1 kg＝② □ g だから、0.8 kg＝③ □ g

また、400 g＝④ □ kg だから、1 kg 400 g＝⑤ □ kg

◎ねらい　重さの計算ができるようにしよう。　練習 ❸ ❹ ➡

🐾 重さの計算

長さやかさと同じように、たんいをそろえて計算します。

2　(1) 1 kg 500 g＋700 g　　(2) 2 kg 500 g−800 g　を計算しましょう。

とき方　筆算で計算します。

長さの計算のしかたと同じだね。

(1)
```
  kg │  g
   1 │ 5 0 0
 + 　│ 7 0 0
 ────┼──────
  □ │ 2 0 0
```

答え　□ kg 200 g

(2)
```
  kg │  g
   1 │10
   2 │ 5 0 0
 − 　│ 8 0 0
 ────┼──────
   1 │ □
```

答え　1 kg □ g

📖 教科書　下110〜113ページ　　➡ 答え　38ページ

1 次の □ にあてはまるたんいや数を書きましょう。　　教科書 110ページ **1**

				k				d	c	m
長さ				1 km		1 m			1 cm	1 mm
かさ				1 ①		1 L	1 dL			1 mL
重さ	1 t			1 kg		1 g			1 ②	

100倍　　10倍　　1000倍

④ □ 倍　　③ □ 倍

2 次の □ にあてはまる数を書きましょう。　　教科書 111ページ **1**

① 3.7 kg ＝ □ kg □ g　　② 16.2 kg ＝ □ kg □ g

③ 5 kg 100 g ＝ □ kg　　④ 20 kg 900 g ＝ □ kg

3 重さ600gのバケツに水を入れてはかったら、合わせて4kg300gありました。水の重さは、何kg何gですか。　　教科書 113ページ **1**

式

答え（　　　　　　　　）

！まちがい注意

4 つよしさんの体重は、32kg400gです。
800gの服を着て体重計にのると、何kg何gになりますか。　　教科書 113ページ **1**

式

答え（　　　　　　　　）

ヒント
2 0.1kgは1kg(1000g)を10等分した1つ分です。
3 4 くり下がり、くり上がりに気をつけます。

99

⑯ 重さ

時間 30分

／100

ごうかく 80点

教科書 下 102〜115 ページ　　答え 38〜39 ページ

知識・技能　　　　　　　　　　　　　　　　　　／70点

1 次の□にあてはまる、重さのたんいを書きましょう。　　1つ4点(16点)

① 1円玉1この重さ　　　1 [　　]

② 水1Lの重さ　　　　1 [　　]

③ かんづめ1この重さ　250 [　　]

④ トラック1台の重さ　2 [　　]

2 よく出る 次のはりが指している目もりは、何 kg 何 g ですか。　　1つ5点(10点)

①

②

(　　　　　　　　)　　　　　　　(　　　　　　　　)

3 よく出る 次の重さを、重いじゅんに書きましょう。　　(8点)

1800 g　　3 kg　　1 kg 400 g

(　　　　　　→　　　　　　→　　　　　　)

100

4 よく出る 次の □ にあてはまる数を書きましょう。　　　1つ4点(16点)

① 4620 g ＝ □ kg □ g

② 3 kg ＝ □ g

③ 900 g ＝ □ kg

④ 1.7 kg ＝ □ g

5 次の □ にあてはまる数を書きましょう。　　　1つ5点(20点)

① 700 g ＋ 300 g ＝ □ kg　　　② 25 kg － 18 kg ＝ □ kg

③ 2 kg 900 g ＋ 500 g ＝ □ kg □ g

④ 5 kg 300 g － 2 kg 800 g ＝ □ kg □ g

思考・判断・表現　　　　／30点

6 さくらさんが、15 kg の妹をせおってはかりにのった
ら、はりが 38 kg を指しました。

　さくらさんの体重は、何 kg ですか。　　式・答え　1つ7点(14点)

式

答え （　　　　　　　　）

できたらスゴイ！

7 重さ 600 g の箱に、1 こ 450 g のぬいぐるみを 3 こ入れました。

　重さは、合わせて何 kg 何 g になりますか。　　式・答え　1つ8点(16点)

式

答え （　　　　　　　　）

ふりかえり 2 がわからないときは、96 ページの 2 にもどってみよう。

教科書 下 120〜125 ページ　答え 39 ページ

✏ 次の〔　〕にあてはまる数を書きましょう。

◎ねらい　□を使ったたし算とひき算の式で、□にあてはまる数をもとめられるようにしよう。　練習 ① ②→

🐾 □を使ったたし算とひき算

★□＋20＝50 の□のもとめ方

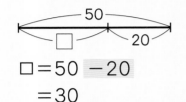

□＝50 −20
　＝30

たし算の□は
ひき算で
もとめられるね。

★□−30＝10 の□のもとめ方

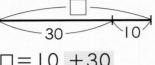

□＝10 ＋30
　＝40

1 (1)　□＋17＝52　　(2)　□−26＝31　の□にあてはまる数をもとめましょう。

とき方　図をかいてみましょう。

(1)　□＝52−17
　　＝〔　　〕

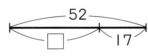

(2)　□＝31＋26
　　＝〔　　〕

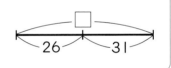

◎ねらい　□を使ったかけ算とわり算の式で、□にあてはまる数をもとめられるようにしよう。　練習 ③ ④→

🐾 □を使ったかけ算とわり算

★6×□＝24 の□のもとめ方
　→6の□こ分が 24

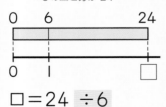

□＝24 ÷6
　＝4

★□÷3＝5 の□のもとめ方
　→□を3等分した1こ分が5

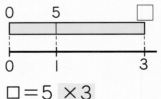

□＝5 ×3
　＝15

図を
かこう。

2 (1)　8×□＝40　　(2)　□÷7＝4　の□にあてはまる数をもとめましょう。

とき方　図をかいてみましょう。

(1)　□＝40÷8
　　＝〔　　〕

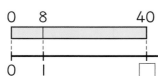

(2)　□＝4×7
　　＝〔　　〕

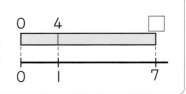

ぴったり 2
練習

★ できた問題には、「た」をかこう！★
でき ① でき ② でき ③ でき ④

学習日
月　　　日

教科書　下 120〜125 ページ　　答え　39 ページ

1　ジュースを 200 g のコップに入れて重さをはかったら、500 g ありました。
ジュースの重さは何 g ですか。　　　教科書 122 ページ▶

①　わからない数を□として、たし算の式に表しましょう。

（　　　　　　　　　　　　　）

②　□にあてはまる数をもとめましょう。

（　　　　　　　　　　　　　）

2　160 円のおかしを買ったら、おつりが 340 円になりました。
はじめに何円持っていましたか。はじめに持っていたお金を□円として、おつりをもとめるひき算の式に表し、答えをもとめましょう。　　　教科書 123 ページ❷

式

答え（　　　　　　　　　　　）

3　同じねだんのみかんを 10 こ買ったら、代金は 400 円になりました。
みかん 1 このねだんは何円ですか。　　　教科書 124 ページ▶

①　わからない数を□として、かけ算の式に表しましょう。

（　　　　　　　　　　　　　）

②　□にあてはまる数をもとめましょう。

（　　　　　　　　　　　　　）

📖 よくよんで

4　いくつかあったあめを 8 人で分けると、1 人 3 こずつに分けられました。
あめは全部で何こありましたか。全部のあめのこ数を□こして、1 人分のこ数をもとめるわり算の式に表し、答えをもとめましょう。　　　教科書 125 ページ❹

式

答え（　　　　　　　　　　　）

ヒント　② はじめに持っていたお金ーおかしのねだん＝おつり
　　　　④ 全部のあめのこ数÷分けた人数＝1人分のこ数

⑰ □を使った式

📖教科書 下 120〜126 ページ　　✏答え 40 ページ

知識・技能　　　　　　　　　　　　　　　　　　　　　　　　　　／70点

1 よく出る　りんごを 400 g のかごに入れて重さをはかったら、1200 g ありました。次の問題に答えましょう。

全部できて　1問5点（20点）

① りんごの重さ、かごの重さ、全体の重さのかんけいを、右の図に表しました。□にあてはまることばを書きましょう。

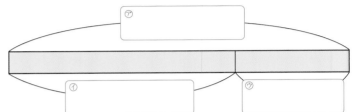

② 全体の重さをもとめる式を、ことばの式で表しましょう。

　　　　　　　　　＋　　　　　　　　　＝

③ 上のことばの式で、わからない数を□として、たし算の式に表しましょう。

　　□＋　　　　　　　＝

④ □にあてはまる数をもとめて、りんごの重さを答えましょう。

（　　　　　　　）

2 同じねだんの消しゴムを 10 こ買ったら、代金は 650 円でした。次の問題に答えましょう。

全部できて　1問5点（20点）

① 代金、消しゴム1このねだん、買った数のかんけいを、右の図に表しました。□にあてはまることばを書きましょう。

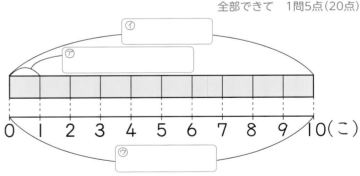

② 代金をもとめる式を、ことばの式で表しましょう。

　　　　　　　　　×　　　　　　　　　＝

③ 上のことばの式で、わからない数を□として、かけ算の式に表しましょう。

　　□×　　　　　　　＝

④ □にあてはまる数をもとめて、消しゴム1このねだんを答えましょう。

（　　　　　　　）

3 よく出る □にあてはまる数を計算でもとめましょう。　1つ5点（30点）

① 　□＋24＝61

② 　148＋□＝235

（　　　　　　　）

（　　　　　　　）

③ 　□−55＝13

④ 　7×□＝49

（　　　　　　　）

（　　　　　　　）

⑤ 　□×10＝250

⑥ 　□÷9＝8

（　　　　　　　）

（　　　　　　　）

思考・判断・表現　　　　　　　　　　　　　　　　　　　　　／30点

4 みゆきさんが住んでいる町の人口は、去年は 7800 人でした。今年は、去年よりふえて 8150 人になりました。次の問題に答えましょう。

①5点　②式・答え　1つ5点（15点）

① 　ふえた人数を□人として、今年の人数をもとめる式を書きましょう。

（　　　　　　　　　　　　　　　　　　　　）

② 　①の式から、ふえた人数をもとめましょう。

　式

答え（　　　　　　　　　　）

できたらスゴイ！

5 何まいかあるシールを8人で同じ数ずつ分けると、1人 12 まいずつに分けられました。次の問題に答えましょう。　①5点　②式・答え　1つ5点（15点）

① 　シールの全部のまい数を□まいとして、1人分のまい数をもとめる式を書きましょう。

（　　　　　　　　　　　　　　　　　　　　）

② 　①の式から、シールの全部のまい数をもとめましょう。

　式

答え（　　　　　　　　　　）

ふりかえり　③がわからないときは、102 ページの 1、2 にもどってみよう。

18 しりょうの活用

しりょうの活用

教科書　下 130〜133 ページ　答え　40 ページ

✎ 次の◯◯にあてはまることばや数を書きましょう。

🎯ねらい　しりょうを表やぼうグラフに整理して活用できるようにしよう。　練習 ①→

🐾 **くふうしたぼうグラフ**

　2つのぼうグラフを、ぼうをならべたり、ぼうを重ねたりして1つにまとめることがあります。

　ぼうを重ねたグラフを「つみ上げぼうグラフ」といいます。

1　3年1組と2組で、すきなスポーツをえらぶことになりました。

　右の表は、すきなスポーツを1しゅるいだけ書いてもらったけっかをまとめたものです。

(1)　この表を、ぼうを上に重ねた「つみ上げぼうグラフ」に表しましょう。

(2)　グラフから、どんなことがわかりますか。

すきなスポーツ　　　　（人）

しゅるい ＼ 組	1組	2組	合計
サッカー	10	9	19
野球	8	3	11
ドッジボール	2	5	7
水泳	5	6	11
その他	3	4	7
合計	28	27	55

とき方　(1)　1組のぼうを▭、2組のぼうを▭として、区べつします。

　　グラフの1目もりは2人を表しています。

　　1組のぼうの上に2組のぼうを重ねます。

(2)　すきなスポーツで、いちばん人数が多かったのは、1組は①▭、2組もサッカーです。1組と2組を合わせたサッカーの人数は②▭人です。

　　2ばん目に多かったのは、1組は野球、2組は③▭です。

　　1組と2組を合わせたそれぞれの人数は、野球は④▭人、水泳は⑤▭人で同じです。

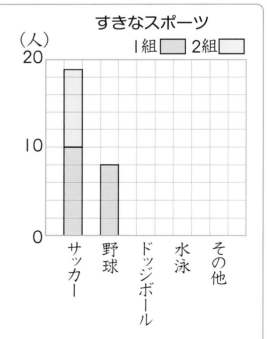

すきなスポーツ

ぼうグラフにするとわかりやすくなるね。

教科書 下 130〜133 ページ　　答え 41 ページ

1 前のページの **1** の問題で、すきなスポーツを2しゅるいにかえて調べて、次の表に表しました。

教科書 132〜133 ページ **2**

すきなスポーツ1つ　　（人）

しゅるい　　　　組	1組	2組	合計
サッカー	ⓘ10	9	19
野　球	8	3	11
ドッジボール	2	5	7
水　泳	5	6	11
そ の 他	3	4	7
合　計	28	27	55

すきなスポーツ2つ　　（人）

しゅるい　　　　組	1組	2組	合計
サッカー	ⓐ16	14	30
野　球	11	9	20
ドッジボール	12	15	27
水　泳	10	9	19
そ の 他	7	7	14
合　計	56	54	110

① 上の2つの表を見て、「2番目にすきなスポーツ」の表をかんせいさせましょう。

上の右の表のⓐから、
上の左の表のⓘをひくと、
右の表のⓒになるよ。

1組の2番目にすきなスポーツ

しゅるい	人数（人）
サッカー	ⓒ 6
野　球	3
ドッジボール	
水　泳	
そ の 他	
合　計	28

2組の2番目にすきなスポーツ

しゅるい	人数（人）
サッカー	5
野　球	6
ドッジボール	
水　泳	
そ の 他	
合　計	

! まちがい注意

② ①でかんせいさせた表をもとに、㋐は、ぼうをならべたグラフ、㋑は、ぼうを上に重ねた「つみ上げぼうグラフ」に表しましょう。

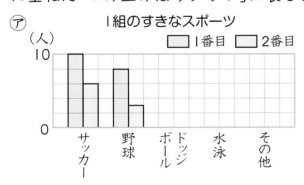

③ 2つの組のすきなスポーツを2しゅるい答えましょう。

（　　　　と　　　　）

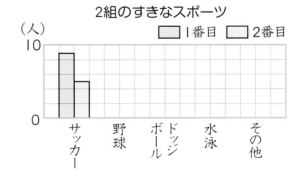

19 そろばん

① 数の表し方
② たし算とひき算

📖 教科書 下 134〜137 ページ　📘 答え 42 ページ

✏️ 次の ☐ にあてはまる数を書きましょう。

◎ **ねらい** そろばんで数を表すことができるようにしよう。　練習 **①**→

☆定位点の1つを一の位と決めます。

☆一の位から左へじゅんに、十の位、
百の位、…となります。

☆一の位の右が小数第一位になります。

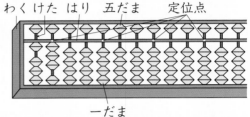

わくけたはり　五だま　定位点

一だま

1　右の数を読み
ましょう。

(1)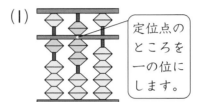

定位点のところを一の位にします。

(2)

とき方 (1) 十の位に一だまが1こ、一の位に五だまと一だまが2こだから、
☐ を表します。

(2) 百の位に一だまが1こ、一の位に一だまが2こだから、☐ を表します。

◎ **ねらい** そろばんでたし算とひき算ができるようにしよう。　練習 **② ③**→

🐾 6+8の計算

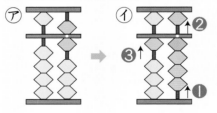

㋐6をおく。
㋑❶3をたす。
❷5をひく。
❸10をたす。

🐾 14-8の計算

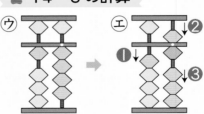

㋒14をおく。
㋓❶10をひく。
❷5をたす。
❸3をひく。

2　上の計算の㋑、㋓のわけを考えましょう。

とき方 ㋑　8はそのままたせないから、2をひいて ☐ をたすと考えます。

2をひくには、3をたして❶ ☐ をひきます。❷　それから10をたします。❸

㋓　8はそのままひけないから、10をひいて ☐ をたすと考えます。

10をひきます。❶　2をたすには、5をたして❷ ☐ をひきます。❸

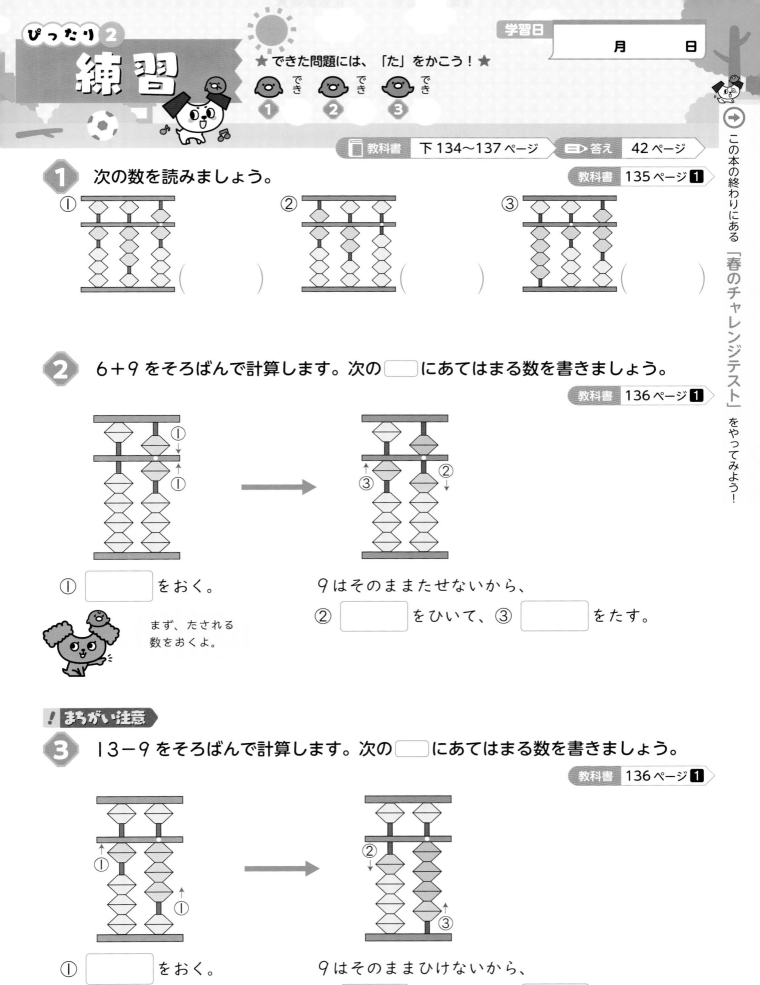

この本の終わりにある「春のチャレンジテスト」をやってみよう！

教科書　下 134〜137 ページ　　答え　42 ページ

1 次の数を読みましょう。

教科書　135 ページ **1**

① (　　　　　)

② (　　　　　)

③ (　　　　　)

2 6＋9 をそろばんで計算します。次の □ にあてはまる数を書きましょう。

教科書　136 ページ **1**

① [　　　　] をおく。

まず、たされる数をおくよ。

9 はそのままたせないから、

② [　　　　] をひいて、③ [　　　　] をたす。

! まちがい注意

3 13−9 をそろばんで計算します。次の □ にあてはまる数を書きましょう。

教科書　136 ページ **1**

① [　　　　] をおく。

9 はそのままひけないから、

② [　　　　] をひいて、③ [　　　　] をたす。

ヒント
1 ③　一の位の右は小数第一位です。
3　9 をひくことは、10 をひいて、ひきすぎた 1 をたすことと同じです。

109

20 3年のまとめ

数と計算、式

学習日　月　日

時間 **20** 分

／100

ごうかく **80** 点

教科書　下 138〜140 ページ　答え 42〜43 ページ

1 次の □ にあてはまる数を書きましょう。　□1つ4点(24点)

① 32900000 の千万の位の数字は □ です。

また、この数は、｜万を □ こ集めた数です。

② 8500 を 100 倍した数は □ です。

③ 4.6 は、4 と □ を合わせた数です。また、0.1 を □ こ集めた数です。

④ $\frac{1}{8}$ の7こ分は □ です。

2 次の数を、数直線に↑でかき入れましょう。　1つ4点(12点)

① 0.4　② $\frac{7}{10}$　③ 1.9

0　　　1　　　2

3 次の計算をしましょう。　1つ4点(40点)

① 8338＋5475

② 6741−4346

③ 59×7　　④ 625×84

⑤ 49÷7　　⑥ 50÷6

⑦ 1.3＋0.9　　⑧ 6−0.4

⑨ $\frac{5}{9}+\frac{4}{9}$　　⑩ $\frac{5}{7}-\frac{4}{7}$

4 次の □ にあてはまる等号や不等号を書きましょう。　1つ3点(12点)

① 59016 □ 50997

② 1.1 □ 0.9

③ $\frac{3}{8}$ □ $\frac{5}{8}$

④ $\frac{5}{10}$ □ 0.5

5 43 本の花を、5 本ずつたばにすると、何たばできて、何本あまりますか。　式・答え　1つ3点(6点)

式

答え （　　　　　　）

6 ボールを同じ数ずつ9つの箱につめると、54 こ入りました。

｜つの箱には、ボールが何こ入っていますか。

□ を使ったかけ算の式を書いて、答えをもとめましょう。　式・答え　1つ3点(6点)

式

答え （　　　　　　）

110

まとめのテスト

⑳ 3年のまとめ
はかり方、形、表、グラフ

学習日　月　日

時間 **20**分　/100
ごうかく **80**点

教科書　下 141〜143 ページ　答え　43 ページ

1 次の □ にあてはまる数を書きましょう。　1つ5点(20点)

① 2 km 370 m = □ m

② 155 秒 = □ 分 □ 秒

③ 6020 g = □ kg □ g

④ 0.9 kg = □ g

2 次の時間や時こくをもとめましょう。　1つ5点(10点)

① 午前8時45分から午前11時25分までの時間。

（　　　　　　　　）

② 午後3時50分から1時間40分後の時こく。

（　　　　　　　　）

3 本の重さをはかりました。図かんは970 g、でん記は680 gでした。
図かんとでん記を合わせた重さは何 kg 何 g ですか。　式・答え　1つ5点(10点)

式

答え（　　　　　　　　）

4 半径8 cm の円がぴったり入る正方形をかきました。
正方形のまわりの長さは、何 cm ですか。　(15点)

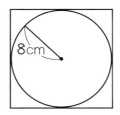

8cm

（　　　　　　　　）

5 ①の三角形をかきましょう。
また、②の三角形は何という三角形ですか。　1つ15点(30点)

① 3つの辺の長さが、3 cm、4 cm、5 cm の三角形。

② 3つの辺の長さが、3 cm、3 cm、3 cm の三角形。

（　　　　　　　　）

6 次の表は、はるかさんたち4人が、2月に読んだ本の数を表したものです。
ぼうグラフに表しましょう。　(15点)

2月に読んだ本の数

名　前	数（さつ）
はるか	18
ひとし	12
と　も	16
けんた	8

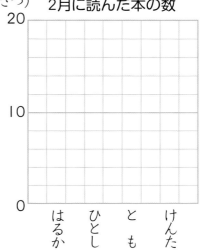

（さつ）　2月に読んだ本の数

20

10

0　はるか　ひとし　とも　けんた

すじ道を立てて考えよう

プログラミングのプ

プログラミング

教科書 下 144～145 ページ　答え 43 ページ

下のめいれいカードをならべて、めいれいの通りに
こまを右のシートの上で動かします。ただし、スター
トの下の■■■■■はかべになっていて、通ることはで
きません。

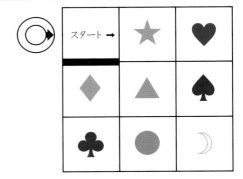

めいれいカード

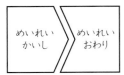 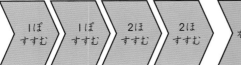 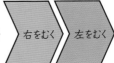 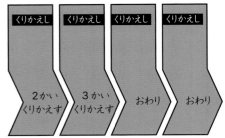

めいれいカードとこまの動き

 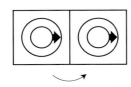 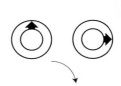

こまを上から
見ているよ。

（れい）スタートから●マークにこまを動かすときのめいれいカードのならべ方

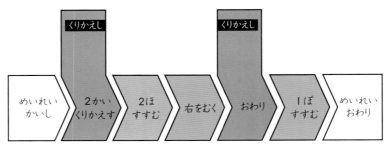

⭐1 次のめいれいをしたとき、こまはどのマークの上にありますか。

①

（　　　　）

②

（　　　　）

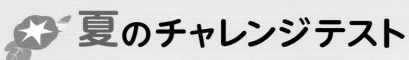 **夏のチャレンジテスト**

教科書　上12〜98ページ

名前

月　日

　時間 **40**分

ごうかく80点　／100

答え**44**ページ →

知識・技能　／61点

1 次の□にあてはまる数を書きましょう。

全部てきて 1問3点(9点)

① $4 \times 6 = \boxed{} \times 4$

② $(3 \times 4) \times 2 = 3 \times \left(\boxed{} \times 2 \right)$

③ 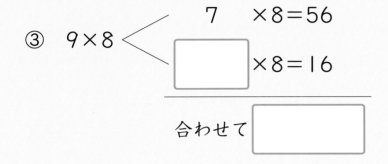 9×8 ⎨ $7 \times 8 = 56$
$\boxed{} \times 8 = 16$

合わせて $\boxed{}$

2 次の□にあてはまる数を書きましょう。

全部てきて 1問3点(12点)

① 1分40秒$= \boxed{}$秒

② 130秒$= \boxed{}$分$\boxed{}$秒

③ 2km30m$= \boxed{}$m

④ 1408m$= \boxed{}$km$\boxed{}$m

3 次の計算を筆算でしましょう。

1つ3点(6点)

① $607 + 195$

② $782 - 368$

4 次の計算をくふうしてしましょう。

1つ3点(6点)

① $357 + 66 + 34$

② $274 + 299$

5 次の計算をしましょう。

1つ3点(24点)

① 8×0　　② 6×10

③ $21 \div 3$　　④ $25 \div 5$

⑤ $72 \div 8$　　⑥ $48 \div 6$

⑦ $8 \div 1$　　⑧ $0 \div 9$

6 $36 \div 4$ の式になる問題を作ります。次の□にあてはまる数を書きましょう。

全部てきて(4点)

色紙 $\boxed{}$ まいを、同じまい数になるように、

$\boxed{}$ 人で分けます。

1人分の色紙は、何まいになりますか。

↩うらにも問題があります。

7 次のぼうグラフは、みのるさんたち4人の、家から学校まで歩いてかかる時間を表しています。

1つ3点(9点)

家から学校まで歩いてかかる時間

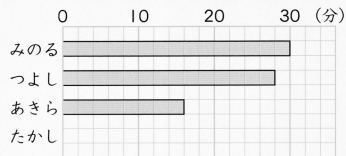

① グラフの1目もり分は、何分間を表していますか。

（ ）

② みのるさんとあきらさんの歩いてかかる時間のちがいは、何分間ですか。

（ ）

③ たかしさんは、歩いて12分かかります。ぼうグラフにかきましょう。

8 下の地図で、ひろしさんが家から公園を通って学校まで行く道のりと、家から学校までのきょりとのちがいは何mですか。

式・答え 1つ3点(6点)

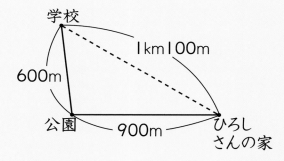

式

答え（ ）

9 日曜日に動物園に行きました。 式・答え 1つ3点(12点)

① 午前8時50分に家を出て、2時間20分かかって動物園に着きました。

動物園に着いた時こくは、午前何時何分ですか。

式

答え（ ）

② 帰りは、午後4時45分に動物園を出て、家に着いた時こくは、午後7時30分でした。

帰るのにかかった時間は、何時間何分ですか。

式

答え（ ）

10 次の表は、ほのかさんの学年の組ごとの人数を、男子と女子に分けて整理したものです。 1つ3点(12点)

組ごとの人数 （人）

男女＼組	1組	2組	3組	合計
男子	18	20	19	57
女子	㊁15	17	19	㋑
合計	33	37	㋐	㋒

① ㋐〜㋒にあてはまる数を書きましょう。

㋐（ ）　㋑（ ）

㋒（ ）

② ㊁の15は、何を表していますか。

（ ）

名
前

時間
40分

ごうかく80点
／100

答え45〜46ページ ➡

知識・技能　　　　　　　　　　／76点

1 次の数を数字で書きましょう。　1つ4点(8点)

① 百万を3こと、十万を7こ合わせた数。

（　　　　　　　　）

② 一万を304こ集めた数。

（　　　　　　　　）

2 次の①、②が表す数を書きましょう。　1つ3点(6点)

① （　　　　　）　② （　　　　　）

3 次の□にあてはまる数を書きましょう。1つ3点(6点)

① 0.1を10こ集めた数は □ 。

② 3.4は、0.1を □ こ集めた数。

4 次の計算をしましょう。　　　1つ3点(12点)

① 0.6+0.9　　　② 2.5+1.7

③ 4.4−3.8　　　④ 6−0.6

5 次の計算をしましょう。
また、たしかめもしましょう。　1つ3点(12点)

① 37÷5

答え（　　　　　　　　）

たしかめ（　　　　　　　　）

② 43÷8

答え（　　　　　　　　）

たしかめ（　　　　　　　　）

6 次の計算を筆算でしましょう。　1つ3点(12点)

① 29×6　　　　② 76×4

③ 354×8　　　　④ 609×7

7 次の図で、二等辺三角形はどれですか。
また、正三角形はどれですか。記号で答えましょう。
1つ4点(8点)

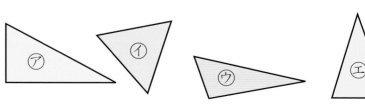

二等辺三角形 （　　　　　　）

正三角形 （　　　　　　）

うらにも問題があります。

8 次の図形をかきましょう。　　1つ4点(8点)
① 直径4cmの円

② 1つの辺の長さが4cmの正三角形。

9 次のように、㋐〜㋓の角があります。角の大きいじゅんにならべましょう。　　(4点)

(　　→　　→　　→　　)

10 右の図の2つの円は、どちらも直径が12cmです。直線アイの長さは何cmですか。　　(4点)

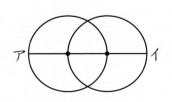

(　　　　　　)

11 40このりんごを、1かごに6こずつのせます。
全部のりんごをかごにのせるには、かごはいくついりますか。

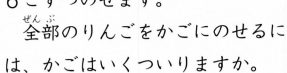

式・答え 1つ3点(6点)

式

答え (　　　　　　)

12 お茶がポットに0.7L、やかんに1.3L入っています。
お茶は、合わせて何Lありますか。　式・答え 1つ3点(6点)

式

答え (　　　　　　)

13 同じ大きさのボールが4こ、箱にぴったり入っています。この箱のまわりにテープをまくと、テープの長さは32cmになります。　1つ4点(8点)

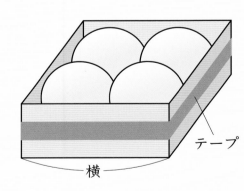

① 箱の横の長さは何cmですか。

(　　　　　　)

② ボールの半径は何cmですか。

(　　　　　　)

 **春のチャレンジテスト**

教科書　下72〜137ページ

月　　日

名
前

時間
40分

ごうかく80点
／100

答え46〜47ページ

知識・技能　　　　　　　　　　　　／70点

1 $\frac{3}{7}$ L のかさにあたるところに、色をぬりましょう。
(4点)

1L

2 次のはりが指している目もりは、何 kg 何 g ですか。
1つ3点(6点)

① 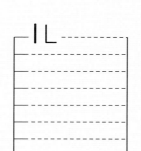　②

（　　　　）　（　　　　）

3 次の □ にあてはまる数を書きましょう。
1つ3点(6点)

① 2kg 50 g は、 □ g です。

② 水 1L の重さは、 □ kg です。

---

4 次の □ にあてはまる等号や不等号を書きましょう。
1つ3点(12点)

① $\frac{3}{8}$ □ $\frac{7}{8}$　　② $\frac{2}{3}$ □ 1

③ 0.8 □ $\frac{7}{10}$　　④ 1 □ $\frac{10}{10}$

5 次の計算をしましょう。
1つ3点(12点)

① 76×42　　② 38×28

③ 324×57　　④ 493×86

6 次の計算をしましょう。
1つ3点(12点)

① $\frac{1}{5}+\frac{3}{5}$　　② $\frac{4}{8}+\frac{4}{8}$

③ $\frac{8}{9}-\frac{5}{9}$　　④ $1-\frac{1}{4}$

---

7 □にあてはまる数を計算でもとめましょう。

1つ3点(12点)

① □−280＝620

（　　　　　）

② 395＋□＝1001

（　　　　　）

③ □÷10＝54

（　　　　　）

④ 8×□＝72

（　　　　　）

8 次の□にあてはまる数を書きましょう。

全部できて 1問3点(6点)

① 1kg 400g＋800g＝ □ kg □ g

② 4kg 100g−2kg 300g

＝ □ kg □ g

9 次の筆算の□にあてはまる数字を書きましょう。

1つ3点(9点)

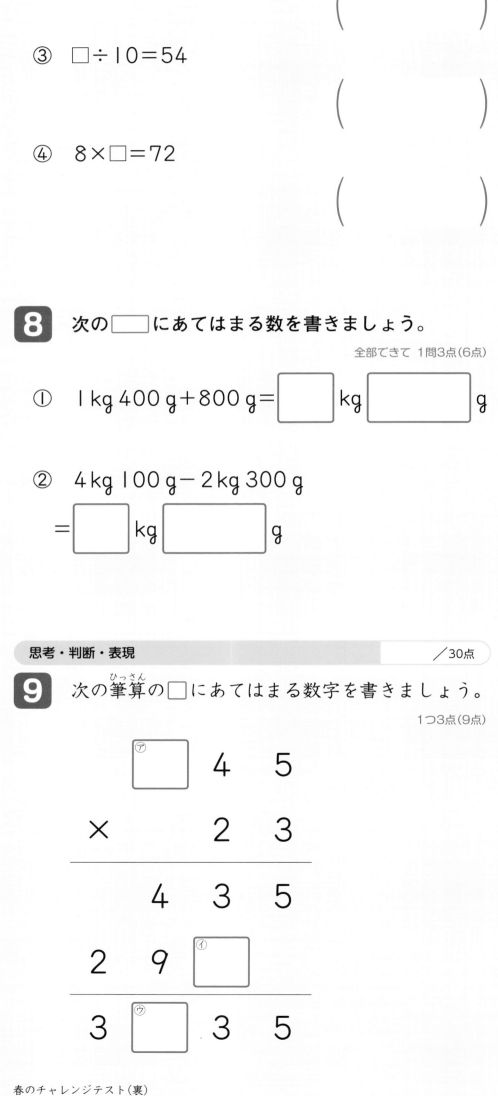

```
    ㋐□  4  5
  ×      2  3
  ─────────────
        4  3  5
    2  9  ㋑□
  ─────────────
    3  ㋒□  3  5
```

10 あきらさんの組の人数は、32人です。1さつ205円のノートをクラスの人数分買います。
代金は、全部で何円ですか。　　　式・答え 1つ3点(6点)

式

答え（　　　　　）

11 460円のケーキを買ったら、のこりは290円になりました。　　①3点 ②式・答え 1つ3点(9点)

① 持っていたお金を□円として、ひき算の式に表しましょう。

（　　　　　）

② はじめに何円持っていましたか。

式

答え（　　　　　）

12 次の□の中に1から6までの数字を1つずつ入れて、分母が6の分数を作ります。　　1つ3点(6点)

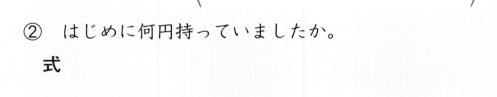

$\dfrac{□}{6}$　　1 2 3 4 5 6

① 2こ集めると $\dfrac{2}{6}$ になる分数を作りましょう。

（　　　　　）

② $\dfrac{2}{6}$ より大きく、1より小さい分数は何こできますか。

（　　　　　）

◎用意するもの…じょうぎ、コンパス

3年 算数のまとめ　学力しんだんテスト

名前　　　　　　　　　　月　　日

⏱ 時間 **40**分

ごうかく80点
／100

答え**48**ページ➡

---

1 次の数を数字で書きましょう。　　1つ2点(4点)

① 千万を9こ、百万を9こ、一万を6こ、千を4こ
あわせた数
（　　　　　　　　　）

② 100000を352こ集めた数
（　　　　　　　　　）

2 計算をしましょう。　　1つ2点(16点)

① 8×0　　　　　② 20×3

③ 18÷6　　　　④ 84÷2

⑤ 　563
　＋339

⑥ 　805
　－217

⑦ 　　25
　×43

⑧ 　375
　×　13

3 次のかさやテープの長さを、小数を使って[　]の
たんいで表しましょう。　　1つ2点(4点)

① [dL] 　　　　② [cm]

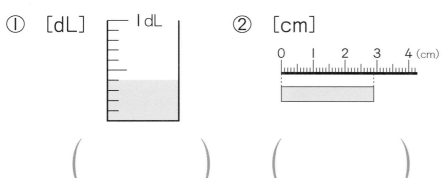

（　　　　）（　　　　）

4 □にあてはまる数を書きましょう。　　1つ2点(4点)

① 1mを5等分した2こ分の長さは、□m
です。

② $\frac{1}{7}$の4こ分は、□です。

---

5 □にあてはまる、等号（＝）、不等号（＞、＜）を書
きましょう。　　1つ2点(8点)

① 1□$\frac{2}{3}$　　② $\frac{2}{9}+\frac{5}{9}$□$1-\frac{1}{9}$

③ 0.3□$\frac{3}{10}$　　④ 2.6+1.4□5−0.9

6 □にあてはまる数を書きましょう。　　1問2点(8点)

① 7km 10 m=□ m

② 1分 =□秒

③ 87秒 =□分□秒

④ 5000 g=□kg

7 はりがさしている重さを書きましょう。　1問2点(4点)

①　　　　　　　②

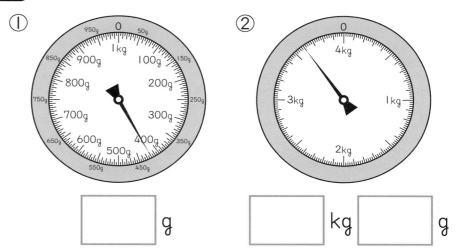

□g　　　□kg□g

8 じょうぎとコンパスを使って、次の三角形をかき
ましょう。　　1つ2点(4点)

① 辺の長さが4cm、
3cm、3cmの二等辺
三角形

② 辺の長さが4cmの
正三角形

学力診断テスト（表）　　　　　　　　　　🔄うらにも問題があります。

9 アの点を中心として、直径が6cmの円をかきましょう。
(2点)

・ア

10 右の図のように、同じ大きさのボールが6こ、箱にすきまなく入っています。箱の横の長さは12cmです。
1つ2点(4点)

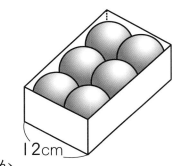
12cm

① ボールの直径は何cmですか。

（　　　　　　　）

② 箱のたての長さは何cmですか。

（　　　　　　　）

11 たまごが40こあります。
式・答え　1つ3点(12点)

① このたまごを8人に同じ数ずつ分けると、1人分は何こになりますか。

式

答え（　　　　　　　）

② 全部のたまごを箱に入れます。1箱に6こずつ入れると、箱は何こいりますか。

式

答え（　　　　　　　）

12 いちごが38こありました。何こか食べると、25このこりました。
1つ3点(6点)

① 食べたいちごの数を□ことして、式に表しましょう。

（　　　　　　　）

② □にあてはまる数をみつけましょう。

□ こ

13 下の表は、おかしのねだんを調べたものです。
1つ2点(12点)

おかしのねだん

しゅるい	ねだん(円)
ガ　ム	30
あ　め	80
グ　ミ	120
クッキー	140

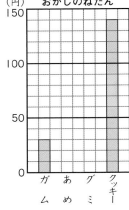
（円）おかしのねだん

① あめとグミのねだんを、上のぼうグラフに表しましょう。

② 300円でおつりがいちばん少なくなるように、3しゅるいのおかしを1こずつ買うと、どのおかしが買えますか。また、合計は何円になりますか。

おかしは、[　　　]、[　　　]、

[　　　]が買えて、合計は[　　　]円です。

14 次の図は、ひなさんの家から学校までの道のりを表したものです。
①式・答え　1つ3点、②1つ3点(12点)

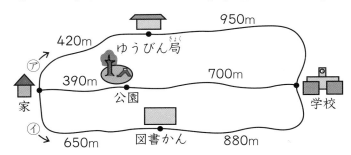
950m
420m
ゆうびん局
700m
ア
390m
家
公園
学校
イ
650m
図書かん
880m

① 家から公園の前を通って学校へ行くときの道のりは、何km何mですか。

式

答え（　　　　　　　）

② 家からゆうびん局の前を通って学校へ行く㋐の道と、家から図書かんの前を通って学校へ行く㋑の道とでは、どちらが学校まで近いですか。また、そのわけを、次のことばを使って書きましょう。

┌─────────────────────┐
│ ㋐の道のり　㋑の道のり　短い │
└─────────────────────┘

近いのは、[　　]の道

わけ（　　　　　　　　　　　　）

学力診断テスト（裏）

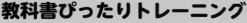

教科書ぴったりトレーニング
答えとてびき
学校図書版　算数3年

おうちのかたへ では、次のようなものを示しています。
・学習のねらいやポイント
・他の学年や他の単元の学習内容とのつながり
・まちがいやすいことやつまずきやすいところ
お子様への説明や、学習内容の把握などにご活用ください。

しあげの5分レッスン では、
学習の最後に取り組む内容を示しています。
学習をふりかえることで学力の定着を図ります。

答え合わせの時間短縮に　丸つけラクラク解答　デジタルもご活用ください！

右の QR コードをスマートフォンなどで読み取ると、
赤字解答の入った本文紙面を見ながら簡単に答え合わせができます。

丸つけラクラク解答デジタルは以下の URL からも確認できます。
https://www.shinko-keirinwebshop.com/shinko/2024pt/rakurakudegi/MGT3da/index.html

※丸つけラクラク解答デジタルは無料でご利用いただけますが、通信料金はお客様のご負担となります。
※QR コードは株式会社デンソーウェーブの登録商標です。

① かけ算

ぴったり1　じゅんび　　2ページ

1　(1)8、8　(2)3、3　(3)8

ぴったり2　練習　　3ページ

てびき

① ①7　②6

① かけられる数とかける数を入れかえて計算しても、答えは同じになります。

② ①3　②3　③6　④5

② ①③かける数が1ふえると、答えはかけられる数だけふえます。
②④かける数が1へると、答えはかけられる数だけへります。
計算をして、たしかめておきましょう。

③ ①2、14、42
②45、3、72

③ ①かけられる数を分けて考えています。
②かける数を分けて考えています。

④ ①3
②3
③3、3、6

④ ①②けつ合のきまりを使っています。
③かけられる数を分かいして、けつ合のきまりを使って1けたどうしのかけ算になおしています。

しあげの5分レッスン　かけ算のきまりにはどういうものがあったかを、もう1回かくにんしよう。

1 (1)0　(2)0　(3)0

2 (1)40　(2)42、18、60

ぴったり2 練習　5ページ　　　　　　　　　　　てびき

1 ①0　②0　③0　④0　⑤0　⑥0

2 ①6、60
　②4、40
　③40
　④6、48、80
　⑤8、16、20

3 ①30　②70　③90　④70　⑤100

1 どんな数に0をかけても、0にどんな数をかけても、答えは0になります。

2 ①②かける数が1ふえると、答えは、かけられる数だけふえます。
　③②の答えと同じになります。
　④かけられる数を分けて考えています。
　⑤かける数を分けて考えています。

3 ④10を5と5に分けると、

$$10\times7 \begin{cases} 5\times7=35 \\ 5\times7=35 \end{cases}$$
　合わせて70

　交かんのきまりを使って、②より、
　$10\times7=7\times10=70$ ともとめることもできます。

　⑤10のだんのかけ算を考えると、
　$10\times1=10$、$10\times2=20$、$10\times3=30$、
　$10\times4=40$、…
　と答えが10ずつふえていきます。
　$10\times10=10\times9+10=100$

しあげの5分レッスン 0と10の列をたした、かけ算の表をつくってみよう。

ぴったり3 たしかめのテスト　6〜7ページ　　　　　てびき

1 ①9
　②35、3、56
　③9
　④2

2 ①0　②0　③60　④30　⑤42　⑥40

3 ⑨と㋕

1 ②8は5と3に分けられます。
　③6は7より1小さいから、9×6の答えは9×7の答えよりかけられる数だけ小さくなります。
　④かけるじゅんじょをかえて計算しても、答えは同じになります。

2 ③10のだんのかけ算を作って考えましょう。
　④$3\times10=3\times9+3$
　⑤$(7\times2)\times3=7\times(2\times3)=7\times6=42$
　⑥$(5\times4)\times2=5\times(4\times2)=5\times8=40$

3 それぞれの答えは、
　㋐60
　㋑$(2\times2)\times4=4\times4=16$
　㋒$5\times(2\times4)=5\times8=40$
　㋓80
　㋔30
　㋕40

④ 式　7×10=70　　　　　　　　答え　70人

⑤ 式　0×4=0　　　3×5=15
　　　6×0=0　　　10×3=30
　　　0+15+0+30=45　　　答え　45点

④ 1列の人数×列の数のかけ算で全部の人数がもとめられます。

⑤ 0点のところに4こ入っても、
　0×4=0　→　とく点は0点です。
　6点のところが0このときは、
　6×0=0　→　とく点は0点です。

⌂ おうちのかたへ 「とく点が入らないときはどんなとき?」と問いかけて、0のかけ算の答えが0になることを実感させるとよいですね。

🕐 しあげの5分レッスン　まちがえた問題はもう1回やってみよう。

② 時こくと時間

ぴったり1 じゅんび　　　8 ページ

❶ 40、午前9時10分
❷ (1)11
　(2)60、50、50

ぴったり2 練習　　　9 ページ　　　　　　　　　　　　てびき

❶ ①午前11時30分　②午後5時40分
　③50分間　④1時間30分

❷ ①午前10時40分　②午後4時10分

❸ 式　11時30分-8時50分=2時間40分
　　　　　　　　　答え　2時間40分

❹ 式　1時30分+4時間40分=6時10分
　　　　　　　　　答え　午後6時10分

❶ ①

　③

❷ ②

❸ 「分」からじゅんに計算をします。
　「分」は「時」から1時間くり下げて、
　(60+30)-50=40(分)
　になります。
　「時」の計算は、1時間くり下げたので、
　10-8=2(時間)
　となります。

$$\begin{array}{r} \overset{10}{\cancel{11}}\ \overset{60}{\cancel{}}時30分 \\ -\ 8\ \ \ 50 \\ \hline 2\ 時\ 40分 \end{array}$$

❹ 「分」の計算の70分は、
　70=60+10で、「時」に1時間くり上げます。

$$\begin{array}{r} 1\ 時30分 \\ +4\ \ \ 40 \\ \hline \overset{1}{}\ \ \ \overset{70}{} \\ 6\ 時10分 \end{array}$$

🕐 しあげの5分レッスン　数の線をまちがえた人は、時計の図をかいて考えてみよう。

3

ぴったり1 じゅんび 10ページ

1 (1)40、100

(2)①60　②1　③1　④20

2 83、<、Ⓘ

ぴったり2 練習 11ページ

❶ ①120　②90　③1、10　④4

❷ ①かいとさん

②そうたさん

③式　110秒−1分38秒=12秒

答え　かいとさんが12秒長い。

④式　110秒+1分38秒+1分45秒

=5分13秒

答え　5分13秒

しあげの5分レッスン　「時」と「分」のかんけい、「分」と「秒」のかんけいを、もう1回たしかめておこう。

てびき

❶ ①1分=60秒です。60秒+60秒=120秒

②60秒+30秒=90秒

③70秒=60秒+10秒だから、1分10秒。

④240秒=60秒+60秒+60秒+60秒

=4分

❷ ①②秒にそろえてくらべます。

そうたさん…1分38秒=98秒

ゆうきさん…1分45秒=105秒

長いじゅんに、110秒→105秒→98秒だから、

かいとさん→ゆうきさん→そうたさん

③110秒−98秒=12秒

④110秒+98秒+105秒=313秒

313秒=5分13秒

「時」「分」の計算と同じように筆算ですることもできます。

110秒=1分50秒だから、

```
  1分50秒        3分28秒
+1  38         +1  45
 1  88(-60)     1  73(-60)
  3分28秒        5分13秒
```

ぴったり3 たしかめのテスト 12〜13ページ

1 ①午前9時20分　②午後4時5分

2 ①1時間30分　②3時間10分

3 ①午前9時15分　②午後2時45分

4 ①60　②85　③1、40　④2、30

5 Ⓔ→Ⓐ→Ⓤ→Ⓘ

てびき

1

```
①  8時40分        ②  2時55分
  +    40           +1   10
   1  80(-60)        1   65(-60)
   9時20分            4時 5分
```

2

```
①  7    60        ②  6時25分
   8時20分          −3   15
 −6   50             3時10分
   1時30分
```

3

```
①  9    60        ②  3    60
  10時10分           4時25分
 −     55          −1   40
   9時15分            2時45分
```

4 ②1分25秒=60秒+25秒=85秒

③100秒=60秒+40秒=1分40秒

④150秒=60秒+60秒+30秒

=2分30秒

5 秒にそろえると、Ⓘ…95秒、Ⓔ…120秒

6 式　1時間50分＋1時間40分
　　＝3時間30分

　　　　　　　　　　答え　3時間30分

7 式　9時20分－45分＝8時35分
　　　　　　　　　答え　午前8時35分

8 式　1時45分＋6時間25分＝8時10分
　　　　　　　　　答え　午後8時10分

6
$$\begin{array}{r} 1時50分 \\ +1\ \ 40 \\ \hline 1\ \ \ \overset{\diagup}{9}0 \\ 3時30分 \end{array}$$

7
$$\begin{array}{r} \overset{8}{\diagdown}\ \ \ \overset{60}{} \\ \overset{}{9}時20分 \\ -\ \ \ 45 \\ \hline 8時35分 \end{array}$$

8
$$\begin{array}{r} 1時45分 \\ +6\ \ 25 \\ \hline 1\ \ \ \overset{\diagup}{9}0 \\ 8時10分 \end{array}$$

　おうちのかたへ　身近な生活の中でも時間の問題をつくり、考えさせてみるとよいでしょう。

　しあげの5分レッスン　時間のくり上がり、くり下がりをもう1回かくにんしておこう。

3　わり算

ぴったり1　じゅんび　　14ページ

1 (1)4　(2)①4　②12　③4　④4
2 (1)6、2　(2)8、7

ぴったり2　練習　　15ページ　　てびき

1 ①2のだん　答え　5　②6のだん　答え　5
③3のだん　答え　8　④9のだん　答え　2
⑤3のだん　答え　6　⑥5のだん　答え　5
⑦8のだん　答え　6　⑧7のだん　答え　9
⑨9のだん　答え　9

2 式　18÷6＝3　　　　　　　答え　3こ

3 (れい)牛にゅうが30dLあります。5このコップに同じりょうずつ分けると、コップ1こ分は何dLになりますか。

1 ①2×⑤＝10で、答えは5です。
②6×⑤＝30で、答えは5です。
③3×⑧＝24で、答えは8です。
④9×②＝18で、答えは2です。
⑤3×⑥＝18で、答えは6です。
⑥5×⑤＝25で、答えは5です。
⑦8×⑥＝48で、答えは6です。
⑧7×⑨＝63で、答えは9です。
⑨9×⑨＝81で、答えは9です。

2 1人分の数は、
　　全部の数÷何人分＝1人分の数
　でもとめられます。

3 わり算は、同じ数ずつに分けるときに使うから、「同じりょうずつ」「同じかさずつ」のことばを入れましょう。

　しあげの5分レッスン　わり算の答えをまちがえたら、○÷□の□のだんの九九を思い出そう。

ぴったり1　じゅんび　　16ページ

1 3、5、5
2 (1)4、3、3
　　(2)4、3、3

5

❶ 式 42÷6＝7 　　　　　答え 7人

❷ 式 18÷2＝9 　　　　　答え 9こ

❸ ①⑦20 ④5 ⑨1人分
　②⑦20 ④5 ⑨何人

┌─────────────────────────────┐
│ 🏠おうちのかたへ 1つ分の数やいくつ分を求める │
│ ときに使う計算がわり算であることを確認します。そ │
│ して、1つ分の数やいくつ分を求める問題はどういう │
│ ものかを理解させましょう。 │
└─────────────────────────────┘

┌───┐
│ ⏱しあげの5分レッスン わり算の式の意味を、もう一度かくにんしておこう。 │
└───┘

❶ 式は、全部の数÷1つ分の数＝いくつ分のわり算
になります。
6×7＝42 で、答えは7人です。

❷ 式は、全部の数÷1つ分の数＝いくつ分のわり算
になります。
2×9＝18 で、答えは9こです。

❸ わり算には「1つ分」をもとめる問題と「いくつ分」
をもとめる問題の2通りあります。意味のちがい
に気をつけましょう。

1 (1)1、1 (2)5、5 (3)0、0
2 ①4 ②4 ③12 ④12 ⑤12

❶ ①1 ②1 ③7 ④0 ⑤4 ⑥0

❷ (1)6、6、20
　(2)①10 ②20 ③30

❸ (1)①10 ②10 ③11 ④11
　(2)①14 ②31 ③11

❶ ①②わられる数とわる数が同じとき、答えは1で
す。
③⑤わる数が1のとき、答えはわられる数と同じ
です。
④⑥0をどんな数でわっても、答えは0です。

❷ わられる数を10のいくつ分と考えると、九九を
使って答えがもとめられます。
(2)① 70÷7＝10 ② 80÷4＝20
　↓　　　　↑　　　　↓　　　　↑
10が7こ÷7＝1こ　10が8こ÷4＝2こ

❸ わられる数を2つに分けて考えましょう。
(2)①28を20と8に分けて、
　20÷2＝10 　8÷2＝4
　10＋4＝14だから、28÷2＝14
②93を90と3に分けて、
　90÷3＝30 　3÷3＝1
　30＋1＝31だから、93÷3＝31
③44を40と4に分けて、
　40÷4＝10 　4÷4＝1
　10＋1＝11だから、44÷4＝11

┌───┐
│ ⏱しあげの5分レッスン かけ算とわり算のかんけい │
│ を、もう1回たしかめておこう。 │
└───┘

┌─────────────────────────────┐
│ 🏠おうちのかたへ わり算も、かけ算と同じように、 │
│ わられる数を2つに分ければ、わられる数が大きく │
│ なっても答えが求められることを理解させましょう。 │
└─────────────────────────────┘

① ①6　②6　③7　④4　⑤7　⑥4

② ①1　②2　③0　④10　⑤13　⑥21

③ 式　27÷9=3　　　　　　　　答え　3本

④ 式　32÷8=4　　　　　　　　答え　4人

⑤ 式　66÷6=11　　　　　　　答え　11ケース

⑥ ①24、6、1人分　　　　　　答え　4まい
　　②24、6、何人　　　　　　　答え　4人

---

① 答えは、わる数のだんの九九で見つけます。
　①4×6=24 で、答えは6です。
　②7×6=42 で、答えは6です。
　③6×7=42 で、答えは7です。
　④9×4=36 で、答えは4です。
　⑤8×7=56 で、答えは7です。
　⑥4×4=16 で、答えは4です。

② ①わられる数とわる数が同じときの答えは1です。
　　●÷●=1
　②わる数が1のときの答えは、わられる数と同じ
　　です。
　　●÷1=●
　③0をどんな数でわっても、答えは0です。
　　0÷●=0
　④　　　90÷9=10
　　　　10が9こ÷9=1こ
　⑤39 を 30 と 9 に分けて、
　　30÷3=10　　9÷3=3
　　10+3=13 だから、39÷3=13
　⑥84 を 80 と 4 に分けて、
　　80÷4=20　　4÷4=1
　　20+1=21 だから、84÷4=21

③ 全部の数÷いくつ分=1つ分の数
　のわり算です。

④ 全部の数÷1つ分の数=いくつ分
　のわり算です。

⑤ 66 を 60 と 6 に分けて、
　60÷6=10　　6÷6=1
　10+1=11 だから、66÷6=11（ケース）

⑥ わり算の意味を考える問題です。
　①「1つ分の数」をもとめる問題です。
　②「いくつ分」をもとめる問題です。

おうちのかたへ　ブロックを使ったり、図に表す
と意味のちがいがわかりやすくなります。

しあげの5分レッスン　まちがえた計算をもう1回やってみよう。

倍の計算

1️⃣ 5、3、15　　　　　　　　　　答え　15cm

2️⃣ ①式　12÷4=3　　　　　　　答え　3本分
②⑦
　⑦
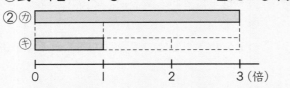
　　　　　0　　　1　　　2　　　3（倍）
　　　　　　　　　　　　　　　　　3倍
　③式　12÷2=6　　　　　　　答え　6倍

3️⃣ 10、5、2　　　　　　　　　答え　2倍

4️⃣ ①くらべられる長さ…24cm
　　もとにする長さ…8cm
　②式　24÷8=3　　　　　　　答え　3倍

1️⃣ 3倍は、3こ分のことです。倍にあたる数は、か
け算でもとめます。

$$5 \times 3 = 15 \,(cm)$$

　　⑦の長さ　倍　⑦の長さ

2️⃣ ①いくつ分をもとめる計算は、わり算です。

$$12 \div 4 = 3$$

　全部の長さ　1つ分　いくつ分

　②12cmは4cmの3つ分だから、3倍です。
　③12cmが2cmのいくつ分になるかをもとめ
ます。

3️⃣ くらべられる長さは10cm、
もとにする長さは5cmです。

4️⃣ ②くらべられる長さ（24cm）が、もとにする長
さ（8cm）の何倍になるかは、わり算でもとめ
ます。

> 🏠 **おうちのかたへ**　「割合」の基本です。
> 「もとにする長さを1と見る」という考え方をおさえま
> しょう。

> ⏱ **しあげの5分レッスン**　くらべられる長さ、もとに
> する長さ、倍のかんけいを、もう一度たしかめよう。

4 たし算とひき算

1️⃣ (1)13、1、539　(2)13、1、853

1️⃣ ①388　②477　③728　④964
　⑤637　⑥840　⑦965　⑧902
　⑨813

1️⃣ 一の位からじゅんに計算します。
くり上がりに注意しましょう。

②

①	4 5 0
	+ 2 7 0
	7 2 0

②	4 9 6
	+ 3 1
	5 2 7

③	3 4 9
	+ 2 8 5
	6 3 4

④	1 7 4
	+ 6 2 6
	8 0 0

⑤	4 0 8
	+ 9 2
	5 0 0

⑥	8 5 9
	+ 3 1 2
	1 1 7 1

⑦	7 6 4
	+ 2 5 9
	1 0 2 3

⑧	6 9 7
	+ 5 4 3
	1 2 4 0

② 筆算は、たてに位をそろえて書きます。

⑤
```
    408
+    92
   5¹0⁰0
```
4+1=5 ┘ └ 0+9+1=10
　　　　└ 8+2=10

⑦
```
    764
+   259
  1⁰0²3³
```
7+2+1=10 ┘ └ 4+9=13
　　　　　└ 6+5+1=12

⊙しあげの5分レッスン くり上げた1を小さく書いて、わすれないようにしよう。

ぴったり1 じゅんび　26 ページ

1 (1)①5 ②1 ③11 ④4 ⑤3 ⑥145
　　(2)①10 ②9 ③1 ④171

ぴったり2 練習　27 ページ　　　　　　　　　　　**てびき**

1 ①123 ②238 ③14 ④188
　　⑤449 ⑥346 ⑦254 ⑧357
　　⑨184

1 一の位からじゅんに計算します。
くり下がりに注意しましょう。

⑤
```
   7 ¹10
   8 2 5
 - 3 7 6
   4 4 9
```
1くり下げたから、┘ │ └ 15-6=9
7-3=4 　　　　　└ 1くり下げたから、11-7=4

⑧
```
   6 ⁹10 10
   7 0 6
 - 3 4 9
   3 5 7
```
1くり下げたから、┘ │ └ 百の位からじゅんにくり下げて、16-9=7
6-3=3 　　　　　└ 1くり下げたから、9-4=5

2

①	4 6 3
	- 2 7 6
	1 8 7

②	3 1 5
	- 3 6
	2 7 9

③	7 0 2
	- 6 6 5
	3 7

④	4 0 4
	- 3 0 8
	9 6

⑤	6 0 0
	- 2 9
	5 7 1

⑥	1 0 0 0
	- 2 2 6
	7 7 4

⑦	1 0 6 3
	- 7 5 4
	3 0 9

⑧	1 3 1 2
	- 4 5 8
	8 5 4

2 ⑥千の位からじゅんにくり下げます。

```
   ⁹9 ⁹9
   1 0 0 10
 -   2 2 6
     7 7 4
```
└ 10-6=4
└ 9-2=7
└ 9-2=7

⊙しあげの5分レッスン くり下げたら、線で消して、くり下がったあとの数を小さく書いておこう。まちがいが少なくなるよ。

ぴったり1 じゅんび　28 ページ

1 (1)①1 ②1 ③1 ④10000
　　(2)①15 ②9 ③9 ④3 ⑤2378

9

1 ①6043 ②6160 ③8352
④4010 ⑤10000 ⑥3848
⑦4039 ⑧779 ⑨2098

1 数が大きくなっても、筆算のしかたは同じです。
①③④くり上がりが3回あります。

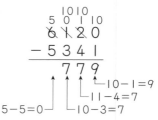

③
```
    6 7 8 4
  + 1 5 6 8
    8 3 5 2
```
└4+8=12
└8+6+1=15
6+1+1=8┘ └7+5+1=13

⑧くり下がりが3回あります。
```
      1010
    5 0 110
    6 1 2 0
  - 5 3 4 1
      7 7 9
```
└10-1=9
└11-4=7
5-5=0┘ └10-3=7

2 ①
```
    3 9 9 9
  + 4 8 8 9
    8 8 8 8
```

②
```
    6 9 7 3
  +   5 9 7
    7 5 7 0
```

③
```
    5 5 0 6
  + 4 4 9 4
  1 0 0 0 0
```

④
```
    4 0 0 1
  - 1 8 7 2
    2 1 2 9
```

⑤
```
    2 4 1 3
  -   4 4 4
    1 9 6 9
```

⑥
```
  1 0 0 0 0
  -   3 0 0 3
    6 9 9 7
```

2 筆算の書き方に注意して計算しましょう。

┌──────────────────────────┐
しあげの5分レッスン 数が大きくなると、くり上
がりやくり下がりが多くなることがあるよ。くり上が
りやくり下がりに気をつけて計算しよう。
└──────────────────────────┘

1 (1)2、228、828 (2)1、200、201
2 100、427

1 ①3、227、427 ②969 ③406

1 たし算では、たされる数をふやした数だけ、たす
数をへらすと、答えが同じになります。
また、たされる数をへらした数だけ、たす数をふ
やしても、答えは同じになります。

②599＋370   ③208＋198
+1↓   ↓-1   -2↓   ↓+2
600＋369=969   206＋200=406

2 ①1、601、301 ②204 ③204

2 ひき算では、ひかれる数とひく数に同じ数をたす
と、答えが同じになります。

②402－198   ③300－96
+2↓   ↓+2   +4↓   ↓+4
404－200=204   304－100=204

③ ①838 ②618

④ ①⑦6 ①6 ⑦15 ①15 ⑦75
②5、5、28

③ 交かんのきまり、けつ合のきまりを使ってくふうします。

①738＋75＋25＝738＋(75＋25)＝838
　　　　　　　　　　　　100

②37＋518＋63＝37＋63＋518＝618
　　　　　　　　　100

⏱ **しあげの5分レッスン** どんな計算のきまりがあったか、ふく習しておこう。

ぴったり3 たしかめのテスト 　32～33ページ　　　てびき

① ①378 ②427 ③1005 ④445
⑤381 ⑥807

① 一の位からじゅんに計算します。
くり上がり、くり下がりに注意しましょう。

③ 　397
　＋608
　1005

⑤ 　⁷1⁰0
　 806
　－425
　　381

② ① 　283
　＋164
　　447

② 　586
　＋415
　1001

③ 　703
　－506
　　197

④ 　800
　－248
　　552

⑤ 　2196
　＋3758
　　5954

⑥ 　4000
　－1567
　　2433

② 位をそろえて書きます。
くり上がり、くり下がりに注意します。

③ 　⁹
　6¹0¹0
　7̷0̷3̷
　－506
　　197

④ 　⁹
　7¹0¹0
　800
　－248
　　552

⑤ 　2196
　＋3758
　5954

③ ①475 ②303

③ ①けつ合のきまりを使います。
375＋19＋81＝375＋(19＋81)＝475
　　　　　　　　　　　　100

②ひく数を、ぴったりの数になるようにくふうします。
　400－　97
＋3↓　　　↓＋3
　403－100＝303

④ ①
	3	9	7
＋	1	1	5
	5	1	2

②
	6	2	4
－	1	9	8
	4	2	6

④ ①十の位の計算で、一の位でくり上げた1をわすれています。
②一の位と十の位の計算で、下の数から上の数をひいています。
ひき算の筆算は、上の数から下の数をひきます。
ひけないときは、上の位から1くり下げます。

5 ①⑦6 ①7 ⑦6
②⑦7 ⑦8 ⑦2

6 ①式 1650−965＝685　答え　685円
②式 1650＋965＝2615　答え 2615円

7 1023円

🏠 **おうちのかたへ** 5 のような問題を虫くい算といいます。たし算、ひき算の計算力の、よいトレーニングになります。いろいろな問題をパズル感覚で解くようにするとよいでしょう。

5 一の位から考えていきます。

①一の位…2＋①＝9

2と7で9だから、①は7。

十の位…答えの3は7より小さい
から、⑦＋7＝13です。

6と7で13だから、⑦は6。

百の位…1くり上げたから、
⑦は、3＋2＋1＝6

百の位	十の位	一の位
3	⑦	2
＋2	7	①
⑦	3	9

②一の位…⑦−5＝2

7から5ひくと2だから、⑦は7。

十の位…答えの6は4より大きい
から、百の位から1くり下げて、
14−⑦＝6より、⑦＝8

百の位	十の位	一の位
7	4	⑦
−4	⑦	5
⑦	6	2

百の位…1くり下げたから、⑦＝6−4＝2

6 筆算は、次のようになります。

```
①    5 4 10
   1 6 5 0
 −   9 6 5
     6 8 5
```
```
②   1 6 5 0
  +   9 6 5
   2 6 1 5
```

7 623円の一の位、十の位の23円を先にはらうと、あと600円はらえばよいです。百円玉は4こで400円しかないから、千円さつを1まい、1000円をはらいます。おつりは、
1000−600＝400で、400円になり、百円玉4このおつりがもらえます。
いいかえると、23＋1000＝1023で、1023円出すと、おつりは400円になり、百円玉4このおつりがもらえます。

5 表とグラフ

ぴったり1 じゅんび　34ページ

1 ①5　②5　③4　④下
⑤3　⑥たて　⑦表題　⑧長方形
⑨三角形

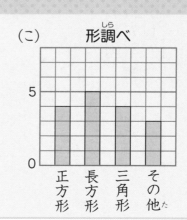
（こ）　形調べ
正方形　長方形　三角形　その他

1 ①⑦6 ①20 ⑦正正 ①3 ⑦38
②乗用車

2 ①2人 ②12人 ③サッカー ④8人
⑤40人

> **しあげの5分レッスン** ぼうグラフをかくときや、ぼうグラフを読むときには、グラフの1目もりの大きさに気をつけよう。

1 ①一→1、 丁→2、 干→3、 正→4、 正→5
⑦6+20+9+3=38(台)

2 ①10人を5目もり分で表しているから、
1目もり分は、10÷5=2(人)
②10人と1目もり分(2人)で12人です。
④水泳がすきな人は4人。12-4=8(人)
ぼうの長さが4目もり分ちがうことから、
2×4=8(人)ともとめてもよいです。
⑤14+12+8+4+2=40(人)

1 ①30 ②22 ③15 ④9 ⑤76 ⑥30 ⑦遊園地

1 ①⑦78 ①94 ⑦93 ①99 ⑦89
⑦39 ⑧20 ⑨18 ⑩265
②4月にねんざをした人数
③6月に打ち身をした人数
④4月から6月までの間で、けがをした人数の
合計
⑤すりきず ⑥5月

1 ①⑦…32+30+8+3+5=78
①…37+32+11+5+9=94
⑦…30+27+20+12+4=93
①…32+37+30=99
⑦…30+32+27=89
⑦…8+11+20=39
⑧…3+5+12=20
⑨…5+9+4=18
⑩は、⑦+①+⑦
または、①+⑦+⑦+⑧+⑨
のどちらでもとめてもかまいません。
⑤①、⑦、⑦、⑧の人数をくらべます。
いちばん多いのは①だから、すりきずです。
⑥⑦、①、⑦の人数をくらべます。
いちばん多いのは①だから、5月です。

> **しあげの5分レッスン** 表の数字が何を表しているのか、もう一度かくにんしておこう。

1 ①⑦16 ①13 ⑦9 ①2
②40人

2 ①2m ②12m ③6m

1 ②表の合計にあてはまる数です。
⑦+①+⑦+①でもとめます。
16+13+9+2=40(人)

2 ①10mを5つに分けているので、1目もり分は
10÷5=2(m)
②10mと1目もり分(2m)で12mです。
③こはるさんは14m、ももかさんは8mです。
14-8=6(m)
ぼうの長さが3目もり分ちがうことから、
2×3=6(m)ともとめてもよいです。

③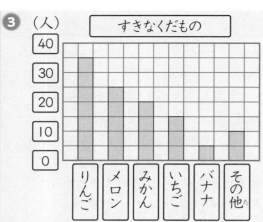

（人）　すきなくだもの
40
30
20
10
0

りんご　メロン　みかん　いちご　バナナ　その他

④ ①⑦1　④18　⑦29　①1　②9
　　⑩25　④21　②83
　②でん記
　③5年生

③ いちばん多い人数（りんごの35人）がかけるように、1目もり分を5人とします。
　りんごは、35÷5＝7（目もり）
　メロンは、25÷5＝5（目もり）
　みかんは、20÷5＝4（目もり）
　いちごは、15÷5＝3（目もり）
　バナナは、5÷5＝1（目もり）
　その他は、10÷5＝2（目もり）

④ ①⑦は、3年生の合計から、でん記、物語、図かんの人数をひいてもとめられます。
　8－2－4－1＝1
　④は、4年生の合計だから、
　5＋8＋4＋1＝18
　⑦は、5年生の合計だから、
　10＋3＋7＋9＝29
　①は、物語の合計から、3年生、4年生、5年生の人数をひいてもとめられます。
　16－4－8－3＝1
　②は、図かんの合計から、3年生、4年生、5年生の人数をひいてもとめられます。
　21－1－4－7＝9
　⑩は、でん記の合計だから、
　2＋5＋10＋8＝25
　④は、その他の合計です。⑦＝1だから、
　1＋1＋9＋10＝21
　②は全体の合計です。
　8＋④＋⑦＋28　または、⑩＋16＋21＋④でもとめられます。
　②表の右はしの「合計」の列の数をくらべます。
　いちばん多いのは⑩（25）だから、でん記です。
　③表のいちばん下の「合計」のだんの数をくらべます。いちばん多いのは⑦（29）だから5年生です。

しあげの5分レッスン　表に数をあてはめるときは、たての合計と横の合計に気をつけて、たしかめをしよう。

❻ 長さ

ぴったり1　じゅんび　40ページ

１ ①10　②4　③30　④4　⑤30
２ ①1260　②1　③260　④900　⑤360

1 ⓐ2m 10cm　ⓘ2m 45cm
　ⓤ3m 2cm

2 ①ウ　②ア（イ）　③ウ

3 ①3000　②5800
　③4、100　④2、580

4 きょり…1km 800m
　道のり…2km 320m

┌─────────────────────────────┐
│ ⏱しあげの5分レッスン　kmとmのかんけいをもう
│ 1回かくにんしよう。
└─────────────────────────────┘

1 まきじゃくの小さい1目もり分は1cmを表します。

2 まるいものや1mより長いものをはかるときは、まきじゃくがべんりです。

3 ①1km＝1000mだから、3km＝3000m
　②5km＝5000mだから、
　　5km 800m＝5000m＋800m
　　　　　　　＝5800m

　③　　km｜　m　　④　　km｜　m
　　　　1｜600　　　　　4｜210
　　＋　2｜500　　　－　1｜630
　　──────────　　──────────
　　　　4｜100　　　　　2｜580

4 きょりは、まっすぐにはかった長さで、道のりは、道にそってはかった長さです。
　きょりは、1800m＝1km 800m
　道のりは、980m＋1km 340m
　　　　　　＝2km 320m
　筆算は右のようになります。

　　　　　km｜　m
　　　　　　｜980
　　　＋　1｜340
　　　──────────
　　　　2｜320

---

1 ①○　②×　③×　④○

2 ①mm　②km　③cm　④m

3 ⓐ8m 25cm　ⓘ8m 54cm

4 3km 80m → 3008m → 3km

5 ①4km 220m　②780m

1 ①②まきじゃくによって、0のいちがちがうので、注意します。
　③④はかる物にまっすぐあてて使います。

2 1mm、1cm、1m、1kmのだいたいの長さをおぼえましょう。また、それぞれのたんいのかんけいもかくにんしておきましょう。

3 まきじゃくの小さい1目もり分は1cmです。
　ⓐ8mと25cmで8m 25cm
　ⓘ8mと54cmで8m 54cm
　ⓤは8mより10cm短い長さだから、↓は8mの目もりより10cm左になります。

4 mにそろえてくらべます。
　3km＝3000m　　3km 80m＝3080m
　3080m → 3008m → 3000mだから、
　3km 80m → 3008m → 3km

5 ①　km｜　m　　②　　km｜　m
　　　　2｜370　　　　　3｜140
　　＋　1｜850　　　－　2｜360
　　──────────　　──────────
　　　　4｜220　　　　　　｜780

6 ①式　760 m＋690 m＝1 km 450 m

　　　　　　答え　1 km 450 m

②式　1 km 450 m－380 m＝1 km 70 m

　　　　　　答え　1 km 70 m

7 南町を通る行き方が 600 m 長い。

6 たんいをそろえて計算します。

おうちのかたへ 家の近くの地図を使って道のりや距離を求めさせてみましょう。身近なものを使うことで、長さのことを理解してくれたらよいですね。

7 北町を通る行き方は、

900 m＋3 km 500 m＝4 km 400 m

南町を通る行き方は、

1 km 200 m＋3 km 800 m＝5 km

南町を通る方が、

5 km－4 km 400 m＝600 m 長いです。

⏱しあげの5分レッスン 長さの計算のしかたをもう1回かくにんしておこう。

7 円と球

ぴったり1 じゅんび 　44 ページ

1 ①4　②2　③2　④8

2 ①10　②5　③5

ぴったり2 練習 　45 ページ　　　　　　　　　　**てびき**

1 ①　　　　　　　　②

$2cm$　　　　　　　$2cm$

2 ①⑦ ——— あ ——— い ———

　　　⑦ ——— う ——— え ———

　②⑦

1 ①コンパスを 2 cm に開いて円をかきます。

②半径は、2÷2＝1（cm）です。

コンパスを 1 cm に開いて円をかきます。

2 コンパスは、円をかくだけでなく、直線の長さをべつの場所にうつしてかくこともできます。

①コンパスを使って、次のあ〜えの長さを直線にうつしとります。

⑦の道は、あといの長さの合計、

⑦の道は、うとえの長さの合計になります。

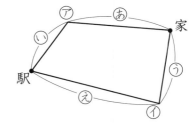

おうちのかたへ コンパスは、円をかくだけでなく、長さをうつしたり、区切ったりして長さを比べるときにも使います。コンパスのいろいろな使い方をしっかり覚えましょう。

③ ⓐ12 cm　ⓘ12 cm　ⓤ12 cm

③ ボールは、どこから見ても円に見えます。だから、箱を上から見ても、横から見ても、次のように見えます。

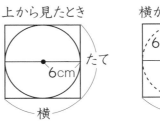
上から見たとき

横から見たとき

たても横も高さも、その長さはボールの直径と等しくなるから、6×2＝12（cm）

┌─ 🏠 **おうちのかたへ** ─┐ ぴったり入るということは、何と何の長さが等しくなるかを確認させましょう。球を2つの平らな面ではさんだときの長さが、球の直径になることがわかるといいですね。

⏰ **しあげの5分レッスン**　円と球のしくみをもう一度たしかめておこう。

ぴったり3 たしかめのテスト 　**46〜47** ページ　　　　　　　　**てびき**

① ⑦中心　⑦半径　⑦直径

②
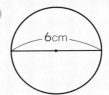

③
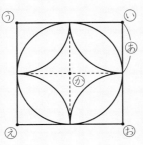

④ ⑦→⑦→⑦

⑤ ①ケの点　②4つ

② 半径は、6÷2＝3（cm）です。
コンパスを3cmに開いて円をかきます。

③ ⓐの長さを半径とする円を、ⓘ〜ⓚの点を中心にしてそれぞれかきます。

④ コンパスで、直線の長さをほかの直線にうつして、長さをくらべましょう。

⑤ ①⑦を中心にして、⑦⑦の長さを半径とする円をかきます。円と重なったケが、同じ長さのところにある点です。
②⑦を中心にして、⑦キの長さを半径とする円をかきます。円の外にあるⓘ、⑦、⑦、ケが、キよりもはなれた点です。

①の図　　　　　　②の図

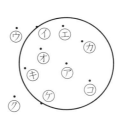　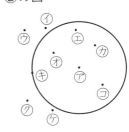

6 ①

7 10cm

8 ①6cm　②3cm

😊 しあげの5分レッスン　正方形、箱の形、円、球の
せいしつを、もう1回かくにんしておこう。

6 球をどこで切っても、切り口は円になります。

7 下の図のように、直線アイは半径の3つ分の長さ
になります。

半径は、15÷3＝5（cm）だから、

直径は、5×2＝10（cm）

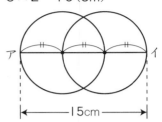

8 ①箱のたての長さは、ボールの直径
　の3つ分にあたります。横の長さ
　は直径の1つ分だから、

　18÷3＝6（cm）

②6÷2＝3（cm）

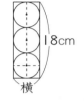

⑧ あまりのあるわり算

ぴったり1 じゅんび　48ページ

1 ①5　②5　③1　④5　⑤1

2 ①大き　②5　③5　④5　⑤2　⑥37

ぴったり2 練習　49ページ

1 ①5あまり1　②1あまり4
　③6あまり3　④6あまり2
　⑤8あまり3　⑦7あまり4

2 まちがっているところ
　あまりの4こが人数より多いので、まだ分け
　られる。
　正しい答え
　　1人分は6こになって、1こあまる

3 ①たしかめの式　6×7＋3＝45
　　正しい答え　正しい
　②たしかめの式　4×8＋2＝34
　　正しい答え　7あまり2

てびき

1 あまりは、わる数より小さくなります。
　①2のだんの九九で答えが11より小さく、11
　　にいちばん近いのは、2×5＝10
　　11÷2＝5あまり1
　③6のだんの九九で答えが39より小さく、39
　　にいちばん近いのは、6×6＝36
　　39÷6＝6あまり3
　⑥8のだんの九九で答えが60より小さく、60
　　にいちばん近いのは、8×7＝56
　　60÷8＝7あまり4

2 4こあまっていれば、まだ1こずつ分けることが
　できます。
　19÷3＝6あまり1だから、1人分は6こになっ
　て、あめは1こあまります。
　あまりは、わる数より小さくなります。

3 たしかめの式の答えがわられる数になったら、わ
　り算の答えは正しいです。
　たしかめの式
　　わる数×答え＋あまり＝わられる数

④ 式　38÷5＝7あまり3

　　　答え　7ふくろできて、3こあまる

④ 答えのたしかめをしておきましょう。

　たしかめ　5×7＋3＝38

⌂ おうちのかたへ　わり算の答えであまりが出たら、あまりがわる数より小さいことを確認させましょう。答えのたしかめをする習慣もつけましょう。

⏱ しあげの5分レッスン　まちがえた計算は、どこをまちがえたかをみなおしておきましょう。

ぴったり1 じゅんび　**50**ページ

1 ①2　②3　③1　④4　⑤4

2 (1)①3　②5　③3

　(2)①1　②3　③2　④2　⑤3

ぴったり2 練習　**51**ページ　**てびき**

1 ①式　22÷4＝5あまり2

　　　　答え　5ふくろできて、2こあまる

　②4こ入りのふくろ…3ふくろ

　　5こ入りのふくろ…2ふくろ

2 式　23÷5＝4あまり3　　4＋1＝5

　　　　　　　　　答え　5きゃく

3 式　59÷8＝7あまり3

　　　　　　　　答え　7箱

1 ②あまったクッキーを1こずつ4こ入りのふくろに入れて、5こ入りのふくろを作ります。2このクッキーがあまっているので、5こ入りのふくろは2ふくろできます。

2 あまりの3人がすわる長いすが1きゃくいります。長いすの数は、4＋1＝5（きゃく）です。

3 1箱に8こ入れないと売ることができないので、あまった3こは考えに入れません。

⌂ おうちのかたへ　問題の意味がわかりづらいときは、図をかいて考えてみるとわかりやすくなることを教えましょう。

⏱ しあげの5分レッスン　あまりをどのように考えて答えにするのか、もう一度かくにんしておこう。

ぴったり3 たしかめのテスト　**52～53**ページ　**てびき**

1 ①2あまり1　②2あまり1

　③2あまり2　④4あまり1

　⑤5あまり2　⑥6あまり5

　⑦8あまり4　⑧7あまり7

2 ①7あまり2　②6あまり5

　③4あまり3　④6あまり4

3 式　35÷8＝4あまり3

　　　答え　4さつになって、3さつあまる

1 答えのたしかめをしておきましょう。

　わる数×答え＋あまり＝わられる数

　①3×2＋1＝7　　②4×2＋1＝9

　③8×2＋2＝18　　④5×4＋1＝21

2 ①③あまりがわる数より大きくなっています。

　②6×7＋1＝43

　　わられる数の41にならない。

　④9×7＋5＝68

　　わられる数の58にならない。

④ ①式　52÷7＝7あまり3
　　　　　答え　7たばできて、3まいあまる
　　②式　7−3＝4　　　　　　　答え　4まい

🏠 **おうちのかたへ** あまりをどう扱えばよいかを、図などを用いて具体的に説明しましょう。

⑤　式　50÷6＝8あまり2　　8−2＝6
　　　　答え　6こ入りのふくろ…6ふくろ
　　　　　　　7こ入りのふくろ…2ふくろ

はってん -

❶　①
```
      5
  7) 38
     35
      3
```
　②
```
      8
  6) 50
     48
      2
```

④ ②①の答えを図にかいてみましょう。

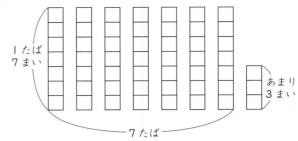

あまりが7まいになれば、もう1たばできて、8たばになります。

あと、7−3＝4（まい）あればよいです。

⑤

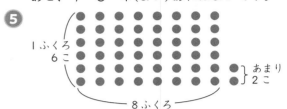

6こ入りのふくろを作ると、50÷6＝8あまり2だから、8ふくろできて2こあまります。

あまりの2こを1こずつ、6こ入りのふくろに入れると、7こ入りのふくろが2ふくろできます。

❶　①5をたてて、7とかけて、38からひきます。
　②8をたてて、6とかけて、50からひきます。

🕐 **しあげの5分レッスン** あまりのあるわり算の答え方を、もう1回かくにんしておこう。

⑨ （2けた）×（1けた）の計算

ぴったり1 じゅんび　**54** ページ

❶　①32　②32　③64　④10　⑤40　⑥64

ぴったり2 練習　**54** ページ　　　　　　　　　　　　**てびき**

❶　①30、35、65
　②⑦3　①3　⑦15　①50　②65
　③65

❶ かけられる数が2けたのかけ算は、分配のきまりを使って、かけられる数を分けて計算することができます。
①13＝6＋7　13を6と7に分けています。
②13＝3＋10　13を3と10に分けています。

🕐 **しあげの5分レッスン** 分配のきまりをもう1回かくにんしておこう。

1
ともさんの考え　4、28、60
はるさんの考え　6、24、60
りくさんの考え　10、40、60

2 ①66　②96　③42　④95

3 式　16×5＝80

答え　80こ

1 かけられる数の15を、いろいろに分けて計算しています。
どのように分けて計算しても、答えは同じです。
ともさん…15を8と7に分けています。
はるさん…15を9と6に分けています。
りくさん…15を5と10に分けています。

2 かけられる数が「十いくつ」のときは、「いくつ」と「10」に分けると計算しやすいです。

② 12×8
2×8＝16
10×8＝80
合わせて96　　12×8＝96

③ 14×3
4×3＝12
10×3＝30
合わせて42　　14×3＝42

④ 19×5
9×5＝45
10×5＝50
合わせて95　　19×5＝95

3 16こずつの5つ分だから、式はかけ算になります。

16×5
6×5＝30
10×5＝50
合わせて80

おうちのかたへ 分配のきまりは、このあとで学習する2けたの数をかけるかけ算でも出てきます。ここでしっかりと学習して、考え方をマスターしておきましょう。

しあげの5分レッスン まちがえた問題は、もう1回やってみよう。

⑩ 1けたをかけるかけ算

1 ①9　②27　③2700
2 ①6　②3　③368

1 ①60　②280　③800　④2400

1 ①10のまとまりが、　3×2＝6（こ）です。
③100のまとまりが、2×4＝8（こ）です。
④100のまとまりが、8×3＝24（こ）です。

② ①26 ②488 ③75 ④84 ⑤438
⑥245

② くり上がりに気をつけます。

④
```
    28          28          28
  ×  3    ➡   ×  3    ➡   ×  3
   ² 4         ² 4          84
               6
```
「三八24」　　「三二が6」
一の位は4。　　6＋2＝8
2くり上げる。　十の位は8。

⑥
```
    35          35          35
  ×  7    ➡   ×  7    ➡   ×  7
   ³ 5         ³ 5         245
               21
```
「七五35」　　「七三21」
一の位は5。　　21＋3＝24
3くり上げる。　十の位は4。
　　　　　　　　百の位は2。

③
```
①  48       ②  85       ③  67
  × 7         × 6         × 9
  336         510         603
```

③ たてに位をそろえて書きます。

④ 式　700×6＝4200　　　答え　4200円

④ 100のまとまりが、7×6＝42（こ）です。

────────────────────────────

しあげの5分レッスン 筆算でくり上がりが出たら、わすれないように小さく書いておこう。

ぴったり1 じゅんび 　**58ページ**

1 ①3　②2　③2365
2 ①240　②240　③276

ぴったり2 練習 　**59ページ**　　　　　　　　**てびき**

① ①396　②486　③1528　④1605
⑤1638　⑥5742　⑦1290　⑧4212
⑨3600

① くり上がりの回数が多くなるので、まちがえない
ようにしましょう。
位ごとの計算は、次のようになります。

```
⑤  234       ⑥  638
  ×  7         ×  9
    28           72
   210          270
  1400         5400
  1638         5742
```

②
```
①  418      ②  147      ③  378
  ×  3        ×  6        ×  4
  1254        882        1512
④  777      ⑤  575      ⑥  305
  ×  7        ×  8        ×  6
  5439       4600        1830
```

② 位ごとの計算は、右の
ようになります。
```
④  777      ⑤  575
  ×  7        ×  8
    49          40
   490         560
  4900        4000
  5439        4600
```

22

3 ①69 ②72 ③228

3 筆算を思いうかべて、下の位から計算してもよい
ですが、暗算では、ふつう上の位から計算します。
かけられる数を「何十」と「いくつ」に分けて、
①3×20=60、3×3=9 だから、
　60+9=69
②4×10=40、4×8=32 だから、
　40+32=72
③4×50=200、4×7=28 だから、
　200+28=228

⏰ **しあげの5分レッスン** 筆算で計算するときは、位をまちがえないようにしよう。

ぴったり3 たしかめのテスト 60〜61 ページ　　　てびき

1 ①6 ②7 ③2

2 ①280 ②720 ③2700 ④3600

3
①　72
　×　3
　216

②　12
　×　7
　　84

③　94
　×　8
　752

④　29
　×　7
　203

⑤　226
　×　　3
　678

⑥　537
　×　　4
　2148

⑦　430
　×　　6
　2580

⑧　167
　×　　6
　1002

⑨　789
　×　　9
　7101

4 ①108 ②432

5 ①138 ②2723

---

2 ①10のまとまりが、　7×4=28（こ）
②10のまとまりが、　8×9=72（こ）
③100のまとまりが、9×3=27（こ）
④100のまとまりが、6×6=36（こ）

3 位ごとの計算は、次のようになります。

⑧　167
　×　　6
　　　42
　　360
　　600
　1002

⑨　789
　×　　9
　　　81
　　720
　6300
　7101

4 ①36 を 30 と6に分けて、
　3×30=90、3×6=18、90+18=108
②48 を 40 と8に分けて、
　9×40=360、9×8=72、
　360+72=432

5 ①答えの位どりをまちがえています。

　　46
　×　3
　　18　←6×3
　120　←40×3
　138

②百の位へのくり上がりをまちがえています。

　　389
　×　　7
　　　63　←9×7
　　560　←80×7
　2100　←300×7
　2723

23

6 式　375×6＝2250　　　答え　2250円

6 筆算は、右のようになります。

$$
\begin{array}{r}
375 \\
\times\ \ \ 6 \\
\hline
2250
\end{array}
$$

7 式　48×5＝240　　52×5＝260
　　240＋260＝500

　　　　　　　　　　答え　500こ

7 筆算は、次のようになります。

$$
\begin{array}{r}
48 \\
\times\ 5 \\
\hline
240
\end{array}
\qquad
\begin{array}{r}
52 \\
\times\ 5 \\
\hline
260
\end{array}
\qquad
\begin{array}{r}
240 \\
+260 \\
\hline
500
\end{array}
$$

8　$\boxed{7}\,9$
　×　$\boxed{8}$

8 かけられる数とかける数は大きいほど、答えは大きくなります。

2つの□に、大きい数字からじゅんに、8、7をあてはめて計算してみましょう。

あ　$\boxed{8}\,9$
　×　$\boxed{7}$
　623

い　$\boxed{7}\,9$
　×　$\boxed{8}$
　632

いのほうが答えが大きくなります。

◎しあげの5分レッスン かけ算の筆算のしかたをもう1回たしかめておこう。

⑪ 大きい数

ぴったり1 じゅんび　62ページ

1 ①2000　②70　③62178　④二千百七十八

表 | 6 | 2 | 1 | 7 | 8 |

2 ①10　②70　③130　④＜

ぴったり2 練習　63ページ　　　　　　　　てびき

1 ①七万五千二百四十一
　②六千二百四十万九千四百

1 一の位から、4つ目と5つ目の間を区切って読みます。

②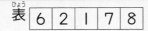

2 ①57040　②38625624

2 位の表を書いて数をあてはめます。

千	百	十	一	千	百	十	一
			万				
①			5	7	0	4	0
②	3	8	6	2	5	6	2	4

位に数がないときは、0を書くのをわすれないようにします。

3 ①28619　②27003000
　③2400000

3 ①20000と8000と600と10と9で
　　28619
　②2000万と700万と3000で27003000
　③
　　　万
　　10000
　240 0000

4

```
0        10万        20万
├──┼──┼──┼──┼──┼──┼──┤
  ↑   ↑      ↑   ↑  ↑   ↑
  ①   あ     い   ② ③  う
```

あ6万　い14万　う25万

4 小さい1目もりは1万を表しています。

24

5 ①< ②>

5 大きい位からじゅんに数字の大きさをくらべていきます。

①十万の位は、どちらも4です。

　一万の位が2と5だから、5の方が大きいです。

②十万の位は、どちらも7です。

　一万の位が2と0だから、2の方が大きいです。

おうちのかたへ まずけた数を調べましょう。けた数の多いものほど大きい数になります。けた数が同じなら、上の位から数字をくらべます。

しあげの5分レッスン 大きな数のしくみをもう1回たしかめておこう。

ぴったり1 じゅんび **64**ページ

1 2、3500、32

2 (1)177

　(2)2800000、170

ぴったり2 練習 **65**ページ　　　　　　　　　　**てびき**

1 ①420　②6000　③27300　④859000

1 ①右に0を1つつけた数になります。

②③右に0を2つつけた数になります。

④右に0を3つつけた数になります。

2 ①80　②56

2 右はしの0を1つとった数になります。

3 ①29　②740

3 ①10倍した数を10でわると、もとの数にもどります。

②74を100倍すると7400となり、

　7400を10でわると740になります。

4 ①143万　②452万　③670000

　④280000　⑤10257　⑥753

4 1万を1つ分と考えて計算します。

③26万+41万=67万→670000

④83万-55万=28万→280000

⑤⑥数が大きくなっても、筆算のしかたは同じです。たてに位をそろえて書いて、くり上がり、くり下がりに気をつけて計算します。

しあげの5分レッスン 大きい数の計算をするときには、位に気をつけよう。

1 ①81050　②10000(一万)、10(十)
　③21370000　④1、7

2 ①60万(600000)
　②220万(2200000)

3 ①96000、102000
　②6000万、7000万

4 ①＞　②＜

5 89000 → 90009 → 98800 → 100900

6 ①530　②9800　③39000　④73

7 ①123万　②670000

8 ①式　3750000＋2730000＝6480000
　　（375万＋273万＝648万）
　　　　答え　6480000(648万)人
　②式　3750000－2730000＝1020000
　　（375万－273万＝102万）
　　　　答え　東市が1020000(102万)人多い

---

1 ①80000と1000と50を合わせて81050
　　です。
　②520190は、520000と190です。
　　520000は10000(1万)を52こ集めた数、
　　190は10(十)を19こ集めた数です。
　③2137万→21370000
　④位の表にあてはめると、次のようになります。

千	百	十	一万	千	百	十	一
	7	0	1	4	9	0	3

2 小さい1目もりは10万を表しています。
　①6目もり分で60万です。
　②200万と2目もり(20万)で220万です。

3 ①98000(9万8千)の次が100000(10万)
　　だから、2000ずつふえています。
　②5000万の次が5500万だから、500万ず
　　つふえています。

4 ①どちらも6けたの数です。大きい位から数字の
　　大きさをくらべていきます。
　　十万の位は5で同じ。一万の位は3で同じ。
　　千の位は9と6。9の方が大きいから、
　　539278＞536295
　②左の数は6けた、右の数は7けただから、
　　297000＜1890000

5 100900だけ6けたで、あとは5けたの数だか
　　ら、100900がいちばん大きいです。
　　のこりの3つの数は、上の位から数字をくらべて
　　いきます。

6 ①右に0を1つつけます。
　②右に0を2つつけます。
　③右に0を3つつけます。
　④右はしの0を1つとります。

7 ①1万が、58＋65＝123(こ)です。
　②930000－260000＝670000
　　（93万－26万＝67万）
　　答えは数字で書きましょう。

8
```
①  3 7 5 万      ②  3 7 5 万
  ＋2 7 3 万        －2 7 3 万
    6 4 8 万          1 0 2 万
```

しあげの5分レッスン 大きな数を理かいすること
は、これからの算数の学習をするうえで、とても大切
なことです。まちがえた問題はもう1回やりなおして
おこう。

12 小数

ぴったり1 じゅんび 68 ページ

1 0.1、8、1.8
2 ①0.1 ②0.4 ③1 ④4

ぴったり2 練習 69 ページ

てびき

1 ①0.7 dL ②0.4 dL
③1 dL ④1 dL

2 ①0.5 dL ②3.4 dL

3 1.2 L

4 ①0.6 cm ②2.1 cm ③4.5 cm

しあげの5分レッスン さいごに、はしたのあるか
さや長さの小数の表し方を、もう1回かくにんしてお
こう。

1 ①②1 dL ますの1目もりは 0.1 dL です。
目もりが何こ分あるかを読みます。
③0.3 dL は、0.1 dL の3こ分のかさです。
④0.9 dL は、0.1 dL の9こ分のかさです。

2 ①0.1 dL の5こ分は、0.5 dL です。
②7 dL としないようにしましょう。

3 1 dL ますのときと同じように考えて、1 L ます
の1目もりは 0.1 L と表せます。0.1 L＝1 dL
です。

4 長さもかさと同じように考えて、小数で表すこと
ができます。1 cm を 10 等分した1つ分は、
小数で 0.1 cm と表せます。
0.1 cm＝1 mm です。
①0.1 cm が6こ分で、0.6 cm です。
②2 cm と 0.1 cm 1こ分で、2.1 cm です。
③4 cm と 0.1 cm 5こ分で、4.5 cm です。

ぴったり1 じゅんび 70 ページ

1 (1)0.9、2、9
(2)20、29
2 0.1、0.6、1.4

ぴったり2 練習 71 ページ

てびき

1 ①3、4、6 ②81.5

2 ①12 ②2.7 ③41 ④3.3

3 ①0.1 ②0.8 ③1.7 ④2.5 ⑤4.3

4 ①< ②> ③>

1 ①34.6 は、30 と4と 0.6 を合わせた数です。
②80 と1と 0.5 で 81.5。

2 ②0.1 L が 20 こで2L、7こで 0.7 L だから、
2L と 0.7 L で 2.7 L です。
③4 dL は 0.1 dL が 40 こ分、0.1 dL は1こ分
だから、40 こと1こで 41 こ分です。
④3L と 0.3 L で 3.3 L です。

3 1を 10 等分しているので、小さい1目もりは
0.1 です。

4 数直線でたしかめておきましょう。

しあげの5分レッスン 小数が 0.1 のいくつ分であ
るかを考えたり、小数を数直線に表したりする方ほう
をもう1回かくにんしておこう。

1 小数点

	2	3
+	1	5
	3	8

2 14、2

	3	4
−	1	6
	1	8

ぴったり2 練習　**73**ページ　　てびき

1 ①

	3	9
+	2	6
	6	5

②

	0	7
+	5	3
	6	0

③

	4	
+	3	5
	7	5

2 ①0.8　②1.3　③3.7　④6.3　⑤10
⑥10.6

3 ①

	2	4
−	1	8
	0	6

②

	5	
−	2	7
	2	3

③

	8	5
−	1	5
	7	0

4 ①0.1　②0.7　③2.4　④1.8　⑤6.1
⑥0.2

1 筆算のしかた
たてに位をそろえて書く→整数と同じように計算する→上の小数点にそろえて、答えの小数点を打つ
②答えの小数の位のさいごが0になったら、0と
　小数点を消しておきます。
③4を4.0と考えましょう。

2 ⑤

	4	8
+	5	2
1	0	0

⑥

	3	6
+	7	0
1	0	6

3 ①答えの一の位の0と小数点をわすれないように
　しましょう。
②5は5.0と考えましょう。
③答えの小数の位のさいごが0になったら、0と
　小数点を消しておきます。

4 ②

	1	3
−	0	6
	0	7

⑤

	7	0
−	0	9
	6	1

⑥

	6	2
−	6	0
	0	2

⏱️ しあげの5分レッスン　まちがえた問題は、もう1回やってみよう。

ぴったり3 たしかめのテスト　**74〜75**ページ　　てびき

1 ①1.6dL　②0.9m

2 ①10　②3.2　③0.9　④0.4　⑤7.2
⑥0.8

3 1.4 → 1 → 0.4 → 0

1 ①小さい1目もりは0.1dLです。
②小さい1目もりは0.1mです。

2 ②0.1が30こで3、0.1が2こで0.2だから、
　3と0.2で3.2です。
④1dL＝0.1Lだから、4dL＝0.4L
⑤1mm＝0.1cmだから、2mm＝0.2cm
　7cm2mm＝7.2cm
⑥10cmは100cm（1m）を10等分した1こ
　分だから、10cm＝0.1mです。

3 0はいちばん小さい数、1.4は1より大きく、0.4
は1より小さい数です。

④ 1.3

⑤ ①1.2　②5　③5.6　④1.4　⑤0.7
　　⑥2.8

┌─────────────────────────────┐
│ 🏠 **おうちのかたへ**　小数も、位をそろえて書くと、│
│ 整数と同じように筆算ができることを理解させます。│
│ くり上がりやくり下がりに注意すること、また、小数│
│ 点を忘れないようにすることを伝えましょう。　　　　│
└─────────────────────────────┘

⑥ 式　1.6+2.1=3.7　　　　　　答え　3.7 m

⑦ 式　7dL=0.7 L
　　　　1−0.7=0.3　　　　　　答え　0.3 L

┌──────────────────────────────────────┐
│ 💙 **しあげの5分レッスン**　小数の計算のしかたをもう一度たしかめておこう。│
└──────────────────────────────────────┘

④ 1 を 10 等分しているので、小さい1目もりは
0.1 です。

⑤ 一の位、小数点、小数第一位をたてにそろえて筆
算します。

```
①　 0.3       ②　 1.2       ③　 3.0
 　+0.9       　 +3.8       　 +2.6
 　 1.2       　  5.0       　  5.6

④　 2.7       ⑤　 2.5       ⑥　 4.0
 　−1.3       　 −1.8       　 −1.2
 　 1.4       　  0.7       　  2.8
```

②の 5.0 は、小数第一位の 0 と小数点を消して、
答えは 5 とします。
⑤⑥はくり下がりに注意します。

⑥
```
  1.6
 +2.1
  3.7
```

⑦ たんいを L にそろえて計算します。
7 dL=0.7 L だから、 1−0.7=0.3（L）
1 L−7 dL=3 dL、 3 dL=0.3 L としてもよい
です。

⑬ 三角形と角

┌──────────────────────────────────┐
│ **ぴったり①** 🟦 **じゅんび**　　**76** ページ │
└──────────────────────────────────┘

❶ か、3、え
❷ 3、3

┌──┐
│ **ぴったり②** 🟦 **練習**　　**77** ページ　　　　　　　　　**てびき** │
└──┘

❶ 二等辺三角形…イ、エ
　正三角形…ア、オ

❷ ①

②

❶ 二等辺三角形は2つの辺の長さが等しい三角形で
す。
正三角形は3つの辺の長さが等しい三角形です。

❷ まず、1つの辺をものさしでかきます。
次に、コンパスをのこりの2つの辺の長さに開い
て、先にかいた辺の2つのはしをそれぞれ中心に
して、円の一部をかきます。
2つの円の一部が交わった点が三角形ののこりの
ちょう点です。

┌──────────────────────────────────────┐
│ 🏠 **おうちのかたへ**　コンパスと定規で図形をかくこ│
│ とを作図といいます。作図のときにかいた円の一部の│
│ 線などは、消さないで残しておきましょう。　　　　　│
└──────────────────────────────────────┘

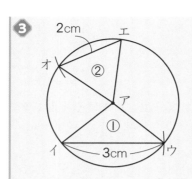

③ ①円のまわりにイの点を決めます。イを中心にして半径3cmの円の一部をかき、円のまわりと交わった点をウとします。ア、イ、ウをそれぞれ直線でむすびます。

アイ、アウは半径だから、それぞれ2cmです。

②円のまわりにエの点を決めます。エを中心にして半径2cmの円の一部をかき、円のまわりと交わった点をオとします。ア、エ、オをそれぞれ直線でむすびます。

しあげの5分レッスン 二等辺三角形と正三角形のかき方を、もう1回たしかめておこう。

ぴったり1 じゅんび 78ページ

❶ 大きい、⑦

❷ (1)⑦　(2)④、⑦（④と⑦は入れかわってもよい。）

ぴったり2 練習 79ページ　　　　**てびき**

❶ エ→イ→ア→ウ

❷ ①ウ
　②オ、カ

❸ ①⑦と④　②直角二等辺三角形

❹ ①直角二等辺三角形　②二等辺三角形
　③正三角形

❶ 角の大きさは、辺の長さにかんけいなく、辺の開きぐあいで決まります。

❷ 二等辺三角形は2つの角の大きさが等しく、正三角形は3つの角の大きさが等しくなります。

❸ ①ウの角は直角です。
　②二等辺三角形の中で、1つの角が直角であるものを直角二等辺三角形といいます。

❹ 長さの等しい辺や大きさの等しい角にしるしをつけてみましょう。

しあげの5分レッスン 二等辺三角形と正三角形の辺と角について、せいしつをまとめておこう。

ぴったり3 たしかめのテスト 80〜81ページ　　　　**てびき**

❶ 二等辺三角形…⑦
　正三角形…⑦

❷ ①二等辺三角形　②正三角形
　③二等辺三角形　④正三角形

❸ ①
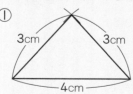

②
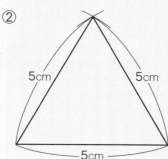

❶ 二等辺三角形は2つの辺の長さが等しい三角形、正三角形は3つの辺の長さが等しい三角形です。

❸ 三角形をかくために使ったコンパスの線などは、消さずにのこしておきましょう。

④ ①二等辺三角形　②①と⑦

⑤ ①二等辺三角形　②16cm

⑥ 三角形の名前　正三角形
　　せつめい　カキ、キク、クカは、どれも円の直
　　径で6cmです。3つの辺の長さが等しいので、
　　正三角形です。

④ 三角形の2つの辺は半径だから、長さは等しくな
　　ります。

⑤ ①開くと、右のような三角
　　　形アウエができます。ア
　　　ウとアエは同じ長さで、
　　　ウエは、
　　　8×2＝16（cm）だから、
　　　二等辺三角形になります。

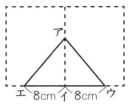

　　②ウエの長さが16cmだ
　　　から、アウを16cmに
　　　すると、アエも16cm
　　　になり、三角形アウエは
　　　正三角形になります。

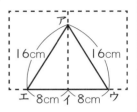

⑥ 直径は半径の2倍だから、3つの円の直径は、ど
　　れも、3×2＝6（cm）で同じです。

🏠 **おうちのかたへ**　二等辺三角形と正三角形のちが
いがわかり、それぞれの性質をことばで説明できるよ
うになるとよいですね。

😊 **しあげの5分レッスン**　まちがえた問題をもう1回やってみよう。

⑭ 2けたをかけるかけ算

ぴったり1 じゅんび　**82** ページ

１ (1)120　(2)3200

２ ①48　②320　③368

ぴったり2 練習　**83** ページ　　　　　てびき

１ ①90　②400　③540
　　④1800　⑤7200　⑥1000

１ ①～③かけられる数やかける数を10倍すると、
　　答えも10倍になります。
　　②5×80＝5×8×10
　　　　　　＝40×10
　　　　　　＝400
　　④～⑥かけられる数とかける数をそれぞれ10倍
　　すると、答えは100倍になります。
　　⑥20×50＝2×10×5×10
　　　　　　　＝2×5×10×10
　　　　　　　＝10×100
　　　　　　　＝1000

２
①
```
    1 3
  × 2 4
    5 2
  2 6
  3 1 2
```

②
```
    7 3
  × 2 1
    7 3
  1 4 6
  1 5 3 3
```

③
```
    2 5
  × 3 0
  7 5 0
```

２ ③
```
    2 5
  × 3 0
    0 0  ←はぶく
  7 5
  7 5 0
```
かける数が何十のときは、
一の位の計算を、はぶく
ことができます。

❸

① 22
×11
22
22
242

② 23
×32
46
69
736

③ 42
×14
168
42
588

④ 64
×38
512
192
2432

⑤ 85
×26
510
170
2210

⑥ 98
×75
490
686
7350

⑦ 94
×50
4700

⑧ 70
×59
630
350
4130

❸ 十の位の計算の答えを書くいちに、注意しましょう。

⑧交かんのきまりを使うと、計算がかんたんになります。

$$70×59=59×70$$

59
×70
4130

┌─────────────────────────────┐
│ ⏱ しあげの5分レッスン　まちがえた計算は、もう1
│ 回やりなおしてみよう。
└─────────────────────────────┘

ぴったり1 じゅんび　84ページ

1 ①492　②7380　③7872

2 100、2700

ぴったり2 練習　85ページ　　　　　　　　　　　　てびき

1

①
		4	3	2
	×		1	2
		8	6	4
	4	3	2	
	5	1	8	4

②
		3	6	4
	×		4	3
	1	0	9	2
1	4	5	6	
1	5	6	5	2

③
		7	0	3
	×		8	6
	4	2	1	8
5	6	2	4	
6	0	4	5	8

2

① 134
× 22
268
268
2948

② 312
× 13
936
312
4056

③ 476
× 82
952
3808
39032

④ 867
× 93
2601
7803
80631

⑤ 756
× 58
6048
3780
43848

⑥ 840
× 46
5040
3360
38640

⑦ 509
× 87
3563
4072
44283

⑧ 802
× 50
40100

⑨ 600
× 97
4200
5400
58200

1 かけられる数が3けたになっても、かける数の位ごとに計算します。

2 十の位の計算の答えを書くいちに注意しましょう。
⑥～⑨0がある計算は、位取りに気をつけましょう。

┌─────────────────────────────┐
│ 🏠 おうちのかたへ　大きい数のかけ算は、はじめに
│ 答えの見当をつけると、まちがいが防げます。例えば、
│ ⑦は約500×80=40000です。計算した答えと
│ 比べて大きくずれていたら、もう一度計算しなおして
│ みましょう。
└─────────────────────────────┘

③ ①3、3、300
②5、10、160

③ $2×5=10$、$25×4=100$などのように、ちょうどの数になる計算をおぼえておくとべんりです。
①$25×4=100$の計算を使うために、12を4のかけ算に分かいしています。
②交かんのきまりを使います。

🏠 **おうちのかたへ** 工夫することによって、計算が簡単になる場合があります。計算のきまりをどのように使うのか、考える力を養いましょう。

⏱ **しあげの5分レッスン** 筆算（ひっさん）のしかたをもう1回かくにんしておこう。

ぴったり3 たしかめのテスト 86〜87ページ　てびき

❶ ①420　②4800

❷ ①266　②1242　③4864　④1440
⑤3360　⑥14898　⑦43890
⑧11452

❶ ①$7×60=7×6×10=420$
②$60×80=6×10×8×10$
$=48×100=4800$

❷

①
```
   19
 ×14
   76
  19
  266
```

②
```
   23
 ×54
   92
 115
 1242
```

③
```
   76
 ×64
  304
 456
 4864
```

④
```
   36
 ×40
 1440
```

⑤
```
   60
 ×56
  360
 300
 3360
```

⑥
```
   382
 ×  39
  3438
 1146
 14898
```

⑦
```
   770
 ×  57
  5390
 3850
 43890
```

⑧
```
   409
 ×  28
  3272
  818
 11452
```

❸
①
```
   35
 ×87
  245
 280
 3045
```

②
```
   860
 ×  45
  4300
 3440
 38700
```

❸ ①$35×80$の答えを書くいちをまちがっています。
②$860×40=34400$です。
0があるときのかけ算の答えを書くいちに注意しましょう。

❹ ①2700　②9000　③1000

❹ ①$50×27×2=50×2×27$
$=100×27$
$=2700$
②$40×9×25=40×25×9$
$=1000×9$
$=9000$
③$125×8=25×5×4×2$
$=25×4×5×2$
$=100×10$
$=1000$

⑤ 式　24×19＝456　　　　答え　456こ

⑤
```
   24
 × 19
  216
  24
  456
```

⑥ 式　20×36＝720　　　　答え　720本

⑥ 計算をするときは、交かんの
きまりを使った方がかんたん
になりますが、式は 20×36
としなければいけません。
36×20 では意味がちがい
ます。
```
   20        36
 × 36      × 20
  120       720
  60
  720
```

⑦ 式　308×32＝9856　　　答え　9856円

⑦ 300×30＝9000 で、答えの見当をつけると、
まちがいが少なくなります。

⏱️ **しあげの5分レッスン** 答えの見当をつけて、計算まちがいをへらそう。

⑮ 分数

ぴったり1 じゅんび 88ページ

1　5、$\frac{1}{5}$

2　(1)$\frac{1}{5}$　(2)3、$\frac{3}{5}$

ぴったり2 練習 89ページ　　　　　　　　　　　てびき

❶ ①$\frac{1}{2}$L　②$\frac{2}{5}$L　③$\frac{5}{6}$L

❶ ①1Lを2等分した1こ分です。
②1Lを5等分した2こ分です。
③1Lを6等分した5こ分です。

❷ ①（れい）

　②㋐$\frac{1}{8}$m　㋑$\frac{5}{8}$m

❷ ①4等分したうちの2こ分のぬり方はほかにもあ
りますが、$\frac{1}{4}$m ずつはなさないで、くっつけ
てぬりましょう。
②㋐8等分したうちの1こ分です。
　㋑8等分したうちの5こ分です。

❸ ①$\frac{2}{7}$m　②$\frac{4}{9}$m

❸ 分母は、もとになる大きさを何等分したかを表し、
分子は、それを何こ集めたかを表します。

❹ $\frac{3}{4}$L

❹ 1Lを4等分した3こ分です。

🏠 **おうちのかたへ** わかりづらいときは、図をかい
て考えるとよいですね。長さはテープ、かさは1Lま
すなどの図をかいてみましょう。

⏱️ **しあげの5分レッスン** 分母と分子が何を表してい
るか、もう一度かくにんしておこう。

ぴったり1 じゅんび 90ページ

1　3、4、1

2　(1)4、＞　(2)0.3、＝

34

1 ① $\frac{3}{4}$ m　② $\frac{4}{4}$ m　③ $\frac{5}{4}$ m、$\frac{7}{4}$ m

1 ②分母と分子が同じ数の分数をえらびます。
③分子が分母より大きいとき、その分数は1より大きくなります。数直線でたしかめておきましょう。

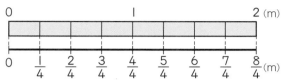

2 ① $\frac{2}{6}$ m　② $\frac{5}{6}$ m　③ $\frac{9}{6}$ m

2 1mを6等分しているから、数直線の1目もりは $\frac{1}{6}$ mです。

3 ①0.3　② $\frac{8}{10}$

③分数… $\frac{6}{10}$、小数…0.6

0 ──── ① ──── ③ ── ② ──── 1

3 数直線は、0と1の間を10等分しているから、1目もりは、$\frac{1}{10}$（0.1）を表しています。

$$\frac{1}{10}=0.1$$

4 ①<　②=　③>

4 ① $\frac{4}{10}$ を小数で表すと0.4だから、0.3<0.4より、0.3< $\frac{4}{10}$ です。

② $\frac{9}{10}$ を小数で表すと0.9です。

③ $\frac{5}{5}=1$、$\frac{7}{10}=0.7$ だから、1>0.7より、$\frac{5}{5}>\frac{7}{10}$ です。

> **⏱ しあげの5分レッスン** 分数のしくみをもう一度たしかめておこう。

> 🏠 **おうちのかたへ** 分数と小数の関係はとても大切です。分母が10の分数はかならず小数になおせるようにしておきましょう。

ぴったり1 じゅんび **92** ページ

1 (1)4、7、$\frac{7}{8}$　(2)5、1

2 (1)2、4、$\frac{4}{9}$　(2)4、4、$\frac{3}{4}$

ぴったり2 練習 **93** ページ　てびき

1 ①3　②1　③4　④ $\frac{4}{5}$

1 $\frac{1}{5}$ が3+1=4（こ）だから、

$$\frac{3}{5}+\frac{1}{5}=\frac{4}{5}$$

❷ ① $\dfrac{3}{5}$　② $\dfrac{7}{9}$　③ $\dfrac{6}{7}$　④ $\dfrac{2}{4}$　⑤ 1　⑥ 1

❸ ① 5　② 2　③ 3　④ $\dfrac{3}{6}$

❹ ① $\dfrac{1}{4}$　② $\dfrac{2}{5}$　③ $\dfrac{1}{9}$　④ $\dfrac{4}{6}$　⑤ $\dfrac{7}{8}$　⑥ $\dfrac{7}{10}$

┌─────────────────────────────────────┐
│ ⏱ **しあげの5分レッスン**　まちがえた計算は、もう1 │
│ 回やってみよう。 │
└─────────────────────────────────────┘

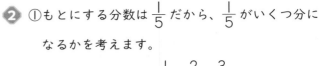

❷ ①もとにする分数は $\dfrac{1}{5}$ だから、$\dfrac{1}{5}$ がいくつ分に
なるかを考えます。

$$1+2=3 \ \text{だから、} \ \dfrac{1}{5}+\dfrac{2}{5}=\dfrac{3}{5}$$

⑤答えの分母と分子が同じになったら、整数にな
おしましょう。

$$\dfrac{2}{6}+\dfrac{4}{6}=\dfrac{6}{6}=1$$

⑥ $\dfrac{4}{10}+\dfrac{6}{10}=\dfrac{10}{10}=1$

❸ $\dfrac{1}{6}$ が $5-2=3$（こ）だから、

$$\dfrac{5}{6}-\dfrac{2}{6}=\dfrac{3}{6}$$

❹ ⑤ $1-\dfrac{1}{8}=\dfrac{8}{8}-\dfrac{1}{8}=\dfrac{7}{8}$

⑥ $1-\dfrac{3}{10}=\dfrac{10}{10}-\dfrac{3}{10}=\dfrac{7}{10}$

┌─────────────────────────────────────┐
│ 🏠 **おうちのかたへ**　$1=\dfrac{2}{2}=\dfrac{3}{3}=\dfrac{4}{4}=\cdots$ のように、│
│ 1がいろいろな分母の分数で表されることに、とまど │
│ いを覚える子供がいます。そのようなときは、1m │
│ のテープ図を使って、納得するまで説明してあげて下 │
│ さい。 │
└─────────────────────────────────────┘

ぴったり3　たしかめのテスト　〔 **94～95** ページ 〕　**てびき**

❶ ①〔1Lを6等分した2こ分に色をぬった図〕　②〔1Lを5等分した3こ分に色をぬった図〕

❷ ① $\dfrac{2}{4}$　② 5　③ 1　④ 11

❸ ① <　② >　③ =　④ >　⑤ >　⑥ <

❶ ①1Lを6等分した2こ分に色をぬります。
②1Lを5等分した3こ分に色をぬります。

❷ ③ $\dfrac{1}{7}$ L の7こ分は $\dfrac{7}{7}$ L で、$\dfrac{7}{7}$ L＝1L です。

④ $\dfrac{9}{9}$ m が1m だから、$\dfrac{11}{9}$ m は1m より長くな
ります。
このように、1より大きい分数もあります。

❸ ② $0.8=\dfrac{8}{10}$　　$\dfrac{7}{10}=0.7$

分数にそろえてくらべても、小数にそろえてく
らべても、どちらでもよいです。

⑤ $\dfrac{10}{10}=1$ だから、$1>0.1$ より $\dfrac{10}{10}>0.1$

⑥ $1=\dfrac{4}{4}$ だから、$\dfrac{4}{4}<\dfrac{5}{4}$ より $1<\dfrac{5}{4}$

$\dfrac{5}{4}$ は1より大きい分数です。

4 ① $\dfrac{2}{3}$ ② $\dfrac{3}{4}$ ③ $\dfrac{7}{8}$ ④ 1 ⑤ $\dfrac{1}{9}$ ⑥ $\dfrac{4}{7}$

⑦ $\dfrac{4}{8}$ ⑧ $\dfrac{3}{6}$

5 式 $\dfrac{3}{10} + \dfrac{4}{10} = \dfrac{7}{10}$ 　　　答え $\dfrac{7}{10}$ L

6 式 $1 - \dfrac{2}{9} = \dfrac{7}{9}$ 　　$\dfrac{7}{9} - \dfrac{3}{9} = \dfrac{4}{9}$

　　　　　　　　答え $\dfrac{4}{9}$ m

4 ④ $\dfrac{4}{9} + \dfrac{5}{9} = \dfrac{9}{9} = 1$

⑧ $1 - \dfrac{3}{6} = \dfrac{6}{6} - \dfrac{3}{6} = \dfrac{3}{6}$

5 合わせてだから、式はたし算になります。

> **おうちのかたへ** 分母が10の分数は、小数で表すことができます。小数でも答えをもとめさせてみましょう。分数と小数の関係がしっかり理解できたらよいですね。

6 のこりをもとめるから、式はひき算になります。

$1 - \dfrac{2}{9} - \dfrac{3}{9} = \dfrac{9}{9} - \dfrac{2}{9} - \dfrac{3}{9} = \dfrac{4}{9}$ のように、1つ

の式に表してもよいです。

> **しあげの5分レッスン** 分数のしくみと計算のしかたをもう一度かくにんしておこう。

16 重さ

ぴったり1 じゅんび 　**96**ページ

1 (1)1000、2000 (2)340、2、340

2 (1)4 (2)10、100 (3)1、400

ぴったり2 練習 　**97**ページ 　　　　　　　　　　　　　**てびき**

1 ①1、200、1200
②2、600、2600
③8、300、8300
④

2 ①1900 ②3、750 ③5040
④2000

3 ①t ②g ③kg

> **しあげの5分レッスン** 重さのはかり方とたんいをもう一度かくにんしておこう。

1 ①大きい1目もりは100gを表しています。
1kgと2目もり(200g)で1kg200gです。
②大きい1目もりは100gを表しています。
2kgと6目もり(600g)で2kg600gです。
③大きい1目もりは1kg、次に大きい1目もりは100gを表しています。
8kgと3目もり(300g)で8kg300gです。
④大きい1目もりが100g、小さい1目もりが10gを表しているので、800gから小さい目もりで5目もりめを指すように、はりをかき入れます。

> **おうちのかたへ** 家にあるはかりでいろいろな物の重さをはかって、楽しみながら重さのはかり方や表し方を身につけられればよいですね。

2 ①1kg＝1000gです。
1kg900gは、1000gと900gで1900g
②3750gは、3000gと750gだから、
3kgと750gで、3kg750g
③5kg40gは、5000gと40gで5040g

3 1g、1kg、1tのだいたいの重さがわかるようになりましょう。

1 ①8　②100　③800　④0.4　⑤1.4
2 (1)2、2　(2)700、700

1 ①kL　②mg　③1000　④1000

2 ①3、700
　　②16、200
　　③5.1
　　④20.9

3 式　4kg 300g−600g＝3kg 700g
　　　　　　　　　　答え　3kg 700g

4 式　32kg 400g＋800g＝33kg 200g
　　　　　　　　　　答え　33kg 200g

1 ①1000L＝1kL です。
　②1000mg＝1g です。
　③もとになるたんいは、長さは m、かさは L、重さは g です。
　m（ミリ）がつくたんいを 1000 倍すると、m（ミリ）がとれます。もとのたんいを 1000 倍すると、k（キロ）がつきます。

2 0.1kg＝100g です。
　①0.7kg＝700g なので、
　　3.7kg＝3kg 700g です。
　④900g＝0.9kg なので、
　　20kg 900g＝20.9kg です。

3 右のように、筆算してもよいです
し、次のように g にそろえて計
算してもよいです。

```
   kg    g
   3  10
   4  3 0 0
 −    6 0 0
   3  7 0 0
```

　4kg 300g＝4300g
　4300g−600g＝3700g＝3kg 700g

4
```
   kg    g
   3 2  4 0 0
 +      8 0 0
   3 3  2 0 0
```

しあげの5分レッスン　m（ミリ）がつくたんいと、k（キロ）がつくたんいについて、しっかり理かいしよう。

1 ①g　②kg　③g　④t
2 ①2kg 300g　②6kg 300g

3 3kg → 1800g → 1kg 400g

4 ①4、620　②3000　③0.9
　　④1700
5 ①1
　　②7
　　③3、400
　　④2、500

1 1g、1kg のだいたいの重さをおぼえましょう。
2 ①大きい1目もりは 100g です。
　　2kg と3目もり（300g）で 2kg 300g です。
　②大きい1目もりは 1kg、次に大きい1目もり
　　は 100g です。
　　6kg と3目もり（300g）で 6kg 300g です。
3 たんいを g にそろえると、
　　3kg＝3000g　　1kg 400g＝1400g
4 ①②1000g＝1kg
　　③④100g＝0.1kg
5 ①700g＋300g＝1000g＝1kg
```
③  kg    g        ④  kg    g
   2  9 0 0           4  10
 +    5 0 0           5  3 0 0
   3  4 0 0         − 2  8 0 0
                      2  5 0 0
```

⑥ 式　38 kg－15 kg＝23 kg　　答え　23 kg

⑦ 式　450×3＝1350
　　　600 g＋1350 g＝1 kg 950 g
　　　　　　　　　　　答え　1 kg 950 g

⑥ 38 kg は、さくらさんの体重と妹の体重を合わせた重さです。

⑦ ぬいぐるみ3この重さは、
450×3＝1350（g）です。

⏱️ しあげの5分レッスン　重さのはかり方とたんいの表し方をもう1回かくにんしておこう。

17　□を使った式

⏺️ ぴったり1　じゅんび　　102 ページ

1 (1)35　(2)57
2 (1)5　(2)28

⏺️ ぴったり2　練習　　103 ページ　　　　　　　　　てびき

❶ ①200＋□＝500　②300 g

❷ 式　□－160＝340
　　　□＝340＋160＝500
　　　　　　　　　　答え　500 円

❸ ①□×10＝400　②40 円

❹ 式　□÷8＝3　　□＝3×8＝24
　　　　　　　　　　答え　24 こ

❶ ①図をかいてみましょう。

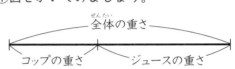

上の図から、ことばの式は、
コップの重さ＋ジュースの重さ＝全体の重さ
です。このことばの式に、わかっている数と□
をあてはめます。
②200＋□＝500
　　　□＝500－200＝300

❷
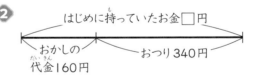

おつりをもとめるひき算の式は、
はじめに持っていたお金－おかしの代金＝おつり

❸ ①
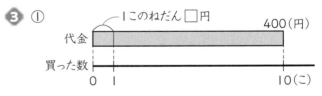

みかん1このねだん×こ数＝代金です。
②□×10＝400
　　　□＝400÷10＝40

❹
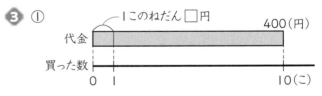

1人分のこ数をもとめるわり算の式は、
全部のこ数÷人数＝1人分のこ数

⏱️ しあげの5分レッスン　図をかいたり、ことばの式を考えて、数のかんけいをとらえよう。

1 ①⑦全体の重さ　④りんごの重さ
　　⑦かごの重さ
　②|りんごの重さ|＋|かごの重さ|＝|全体の重さ|
　③□＋400＝1200　④800g

2 ①⑦1このねだん　④代金　⑦買った数
　②|1このねだん|×|買った数|＝|代金|
　③□×10＝650　④65円

3 ①37　②87　③68　④7　⑤25　⑥72

4 ①7800＋□＝8150
　②式　8150−7800＝350　答え　350人

5 ①□÷8＝12
　②式　12×8＝96　　　　答え　96まい

┌─────────────────────────────┐
│ ⏱ しあげの5分レッスン　□を使った式の書き方、□
│ のもとめ方をもう1回かくにんしておこう。
└─────────────────────────────┘

1 ①④と⑦はぎゃくでもよいです。
　②りんごの重さとかごの重さはぎゃくでもよいで
　　す。
　④□＋400＝1200
　　　　　□＝1200−400＝800

2 ④□×10＝650
　　　　　□＝650÷10＝65

3 ①□＝61−24＝37
　②□＝235−148＝87
　③□＝13＋55＝68
　④□＝49÷7＝7
　⑤□＝250÷10＝25
　⑥□＝8×9＝72

4 ①去年の人数＋ふえた人数＝今年の人数

5 ①全部のまい数÷人数＝1人分のまい数

┌─────────────────────────────┐
│ 🏠おうちのかたへ　わからない数があるときは、そ
│ の数を□とすると問題文のとおりに式に表すことがで
│ きることをわからせましょう。そして、その式をもと
│ にして、わからない数（□にあてはまる数）を考えれば
│ よいことを説明しましょう。文章問題が好きになって
│ くれたらいいですね。
└─────────────────────────────┘

18 しりょうの活用

1 ①サッカー　②19　③水泳
　④11　⑤11

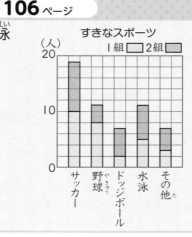

すきなスポーツ

❶ ①

1組の2番目にすきなスポーツ

しゅるい	人数（人）
サッカー	⑤ 6
野球	3
ドッジボール	10
水泳	5
その他	4
合計	28

2組の2番目にすきなスポーツ

しゅるい	人数（人）
サッカー	5
野球	6
ドッジボール	10
水泳	3
その他	3
合計	27

②㋐

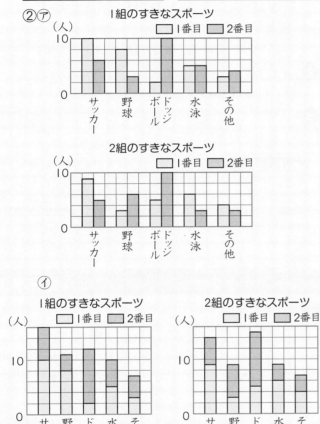

1組のすきなスポーツ
（人）
□1番目 ■2番目

2組のすきなスポーツ
（人）
□1番目 ■2番目

㋑

1組のすきなスポーツ
（人）
□1番目 ■2番目

2組のすきなスポーツ
（人）
□1番目 ■2番目

③サッカー、ドッジボール

❶ ①1組のドッジボールは、12−2＝10（人）

　　　水泳は、10−5＝5（人）

　　　その他は、7−3＝4（人）

　　2組のドッジボールは、15−5＝10（人）

　　　水泳は、9−6＝3（人）

　　　その他は、7−4＝3（人）

②ぼうをならべたグラフにすると、1番目にすき
　な人の人数と2番目にすきな人の人数、それぞ
　れのちがいがわかりやすくなります。

　つみ上げぼうグラフにすると、1番目にすきな
　人と2番目にすきな人の人数の合計がわかりや
　すくなります。

③1番目にすきな人と2番目にすきな人の人数の
　合計が多いじゅんにえらびます。表からえらぶ
　こともできますが、②の㋑のグラフなら、ひと
　目でわかります。

⏰ しあげの5分レッスン　ぼうグラフのくふうのしかたを、もう1回見なおしておこう。

19 そろばん

1 (1)17 (2)102

2 ①10、5 ㋓2、3

てびき

① ①136 ②620 ③41.7

① ①百の位に一だまが1こ、十の位に一だまが3こ、一の位に五だまと一だまが1こです。

②百の位に五だまと一だまが1こ、十の位に一だまが2こ、一の位には何もありません。

③十の位に一だまが4こ、一の位に一だまが1こ、小数第一位に五だまと一だまが2こです。

② ①6 ②1 ③10

② 9をたすことを、10をたして1をひくと考えます。1を先にひいて10をたしています。

③ ①13 ②10 ③1

③ 9をひくことを、10を先にひいて、ひきすぎた1をあとでたしています。

⏱ **しあげの5分レッスン** そろばんのしくみをもう一度たしかめておこう。

🏠 **おうちのかたへ** 簡単なたし算とひき算の計算を出題し、そろばんで計算させてみましょう。できるようになって、計算するのが楽しくなるとよいですね。

3年のまとめ

てびき

① ①3、3290 ②850000

③0.6、46 ④$\frac{7}{8}$

① ①

千	百	十	一 万	千	百	十	一
3	2	9	0	0	0	0	0

②100倍すると、右に0が2つついた数になります。

③0.1が10こ集まると1なので、0.1が46こで4.6です。

②

② 1を10等分した小さい1目もりは、0.1であり、$\frac{1}{10}$です。

③ ①13813 ②2395 ③413 ④52500

⑤7 ⑥8あまり2 ⑦2.2 ⑧5.6

⑨1 ⑩$\frac{1}{7}$

③ ④
```
    625
×    84
------
   2500
  5000
------
  52500
```

④ ①＞ ②＞ ③＜ ④＝

④ ①一万の位は5で同じなので、千の位の数の大きさをくらべます。

④$\frac{5}{10}$を小数で表すと0.5です。

⑤ 式 43÷5＝8あまり3

答え 8たばできて、3本あまる

| 6 | 式 $\square\times9=54$　　$\square=54\div9=6$
答え　6こ | 6 | 1箱のこ数×箱の数＝全部のこ数 |

1 ①2370　②2、35
　　③6、20　④900

2 ①2時間40分　②午後5時30分

3 式　970g＋680g＝1kg650g
　　　　　　　　答え　1kg650g

4 64cm

5 ①

3cm　4cm　5cm

②正三角形

6 (さつ) 2月に読んだ本の数
20
10
0
はるか　ひとし　とも　けんた

1 1km＝1000m　　1分＝60秒
　1kg＝1000g　　0.1kg＝100g

2 ①
　　10　60
　11時25分
　－8　45
　2時40分

②　3時50分
　＋1　40
　1　90
　5時30分

3
kg　g
970
＋680
1 650

4 正方形の1つの辺の長さは、
円の直径の長さと等しく、
8×2＝16(cm)だから、
16×4＝64(cm)です。

8cm
16cm

5 ①1つの辺をかいたあと、辺のりょうはしの点を
それぞれ中心にして、のこりの2つの辺の長さ
を半径とする円の一部をかきます。円の一部が
交わった点をのこりのちょう点とします。
②3つの辺の長さが等しい三角形は正三角形です。

6 グラフの1目もりは、10さつを5等分している
ので2さつです。

🦉 すじ道を立てて考えよう

1 ①） ②◆

1 ①「1ぽすすむ」で★マークに動かし、「右をむく」
「2ほすすむ」で●マークに動かし、「左をむく」
「1ぽすすむ」で）マークに動かします。
②「2ほすすむ」「右をむく」を「3かいくりかえす」
で♣マークに動かし、「1ぽすすむ」で◆マーク
に動かします。

1 ①6 ②4
③2、72

2 ①100 ②2、10 ③2030 ④1、408

3 ① 607
　　 ＋195
　　 802

② 782
　 －368
　 414

4 ①457 ②573

5 ①0 ②60 ③7 ④5 ⑤9 ⑥8
⑦8 ⑧0

6 36、4

7 ①2分間 ②14分間
③

家から学校まで歩いてかかる時間

8 式　600 m＋900 m＝1 km 500 m
　　　1 km 500 m－1 km 100 m＝400 m
　　　　　　　　答え　400 m

9 ①式　8時50分＋2時間20分
　　　　＝11時10分
　　　　　　　答え　午前11時10分
②式　7時30分－4時45分＝2時間45分
　　　　　　答え　2時間45分

10 ①⑦38 ①51 ⑦108
②1組の女子の人数

---

1 ③かけ算では、かけられる数やかける数を分けて
　計算しても、答えは同じになります。

2 ①②1分＝60秒
③④1 km＝1000 m

3 たてに位をそろえて書き、一の位からじゅんに計
算していきます。くり上がり、くり下がりに気を
つけましょう。

4 ①357＋66＋34＝357＋(66＋34)
　　　　　　　＝357＋100＝457
②274＋299＝(274－1)＋(299＋1)
　　　　　　＝273＋300＝573

5 ①どんな数に0をかけても、答えは0です。
⑧0をどんな数でわっても、答えは0です。

6 全部の数を同じ数ずつ何人かで分けるときの、1
人分の数をもとめる問題を作っています。

7 ①10分を5目もりで表しているから、
　　1目もり分は、10÷5＝2（分間）
②みのるさんは30分、あきらさんは16分です。
　ちがいは、30－16＝14（分間）
　目もりのちがいで考えることもできます。
　目もりのちがいは7目もり分だから、
　2×7＝14（分間）
③12分間は6目もり分にあたります。

8 道のりは1 km 500 m、
きょりは1 km 100 mです。

```
km   m
1  500
-1  100
   400
```

9 ①
```
   8 時 50分
 ＋2    20
 1   70
11時10分
```
②
```
   6  60
 7時 30分
 －4   45
 2 時 45分
```

10 ①⑦19＋19＝38（人）
　　①15＋17＋19＝51（人）
　　⑦57＋①＝57＋51＝108（人）
　　　または、33＋37＋38＝108（人）
②「1組」の列と「女子」の
だんの交わったところ
だから、1組の女子の
人数を表します。

男女＼組	1組	2組
男子	18	20
女子	①15	17
合計	33	37

1 ①3700000　②3040000

2 ①40万　②180万

3 ①1　②34

4 ①1.5　②4.2　③0.6　④5.4

5 ①答え　7あまり2
　　たしかめ　5×7+2=37
　　②答え　5あまり3
　　たしかめ　8×5+3=43

6 ①　　29
　　　×　6
　　　174

②　　76
　×　4
　304

③　　354
　×　　8
　2832

④　　609
　×　　7
　4263

7 二等辺三角形…エ
　　正三角形…イ

8 ①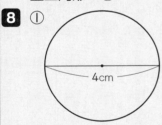　②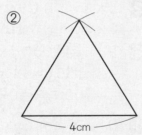

9 ウ→イ→エ→ア

10 18cm

---

1 ①300万と70万を合わせると、370万です。

2 数直線の1目もりは10万を表します。

3 ②3.4 ⎛ 3 → 0.1 を 30 こ
　　　　⎝ 0.4 → 0.1 を　4 こ
　　　　　　　　　0.1 を 34 こ

4 筆算は次のようになります。
①　　0.6
　+0.9
　1.5

②　　2.5
　+1.7
　4.2

③　　³4.⁴¹⁰
　−3.8
　0.6

④　　⁵6.⁰¹⁰
　−0.6
　5.4

5 わりきれないときは、あまりをもとめます。
あまりは、わる数より小さくなるようにします。
たしかめの式の答えがわられる数になれば、計算
の答えは合っています。

6 ②　　76
　×　4
　24 …6×4
　280 …70×4
　304

④　　609
　×　　7
　63 …9×7
　00 …00×7
　4200 …600×7
　4263

7 2つの辺の長さが等しい三角形が二等辺三角形、
3つの辺の長さが等しい三角形が正三角形です。

8 ①直径4cmの円の半径は、4÷2=2（cm）だか
　ら、コンパスを2cmに開いて円をかきます。
②長さ4cmの1つの辺をかきます。
　辺の両はしをそれぞれ中心にして、コンパスで
　半径4cmの円の一部をかきます。
　2つの円の一部が交わった点とさいしょにかい
　た辺の両はしをそれぞれ直線でむすびます。

9 角の大きさは、辺の長さにかんけいなく、辺の開
きぐあいで決まります。

10 直線アイの長
さは、直径と
半径をたした
長さになりま
す。
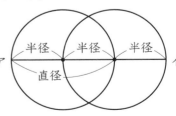
半径は、12÷2=6（cm）だから、
12+6=18（cm）
半径の3倍の長さと考えて、6×3=18（cm）と
もとめることもできます。

45

11 式　40÷6＝6 あまり4　　6＋1＝7

　　　　　　　　　　　　　　答え　7つ

12 式　0.7＋1.3＝2　　　　　答え　2L

13 ①8cm　②2cm

11 40このりんごを6こずつかごにのせると、りんごが6このったかごが6つできて、りんごが4こあまります。あまった4こもかごにのせるから、かごは7ついります。

12
```
  0.7
+1.3
 2.0
```

13 ①箱を上から見ると正方形です。テープの長さは、正方形のまわりの長さです。箱の横の長さは正方形の1つの辺の長さだから、32÷4＝8（cm）

②ボールの半径4つ分の長さが8cmだから、半径は、8÷4＝2（cm）

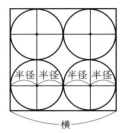

春のチャレンジテスト

てびき

1

2 ①1kg300g　②2kg600g

3 ①2050　②1

4 ①＜　②＜　③＞　④＝

5 ①3192　②1064
　　③18468　④42398

1 $\frac{3}{7}$L は、1L を7等分した3つ分です。

2 ①大きい1目もりは100gを表しています。
②大きい1目もりは100gを表しています。

3 ①1kg＝1000g です。
2kg50g＝2kg＋50g
＝2000g＋50g＝2050g

4 ②1＝$\frac{3}{3}$ です。$\frac{2}{3}$＜$\frac{3}{3}$ だから、$\frac{2}{3}$＜1

③0.8＝$\frac{8}{10}$、$\frac{7}{10}$＝0.7 です。

5
```
①    76        ②     38
    ×42             ×28
    152             304
    304              76
   3192            1064

③   324        ④    493
   × 57            × 86
   2268            2958
   1620            3944
  18468           42398
```

6 ① $\frac{4}{5}$　② 1　③ $\frac{3}{9}$　④ $\frac{3}{4}$

7 ①$900$　②$606$　③$540$　④$9$

8 ①$2$、200
　　②$1$、800

9 ㋐1　㋑0　㋒3

10 式　$205 \times 32 = 6560$　　　答え　6560円

11 ①$\square - 460 = 290$
　　②式　$290 + 460 = 750$　　　答え　750円

12 ① $\frac{1}{6}$　②$3$こ

---

6 ② $\frac{4}{8} + \frac{4}{8} = \frac{8}{8} = 1$

④ $1 - \frac{1}{4} = \frac{4}{4} - \frac{1}{4} = \frac{3}{4}$

7 ①$\square = 620 + 280 = 900$
　②$\square = 1001 - 395 = 606$
　③$\square = 54 \times 10 = 540$
　④$\square = 72 \div 8 = 9$

8 ①
```
  kg     g
  1 400
+   800
  2 200
```
②
```
  kg     g
  3 10
  4 1 0 0
- 2 3 0 0
  1 8 0 0
```

9 ㋐からもとめます。一の位の計算で、
㋐$45 \times 3 = 435$ です。筆算で表す
と右のようになるから、右の□は3
です。
```
 ㋐45
×    3
   1 5
 1 2
  □
 4 3 5
```
㋐$\times 3 = 3$ より、㋐は1です。
十の位の計算で、$145 \times 2 = 290$ より、
㋑は0です。
㋑がわかったので、筆算の位ごとの計算の答えを
たして、$435 + 290◯ = 3335$ より、㋒は3です。

10
```
   205
×   32
   410
 615
 6560
```

11 ①持っていたお金－ケーキの代金＝のこりのお金
②持っていたお金をもとめる式は、
　のこりのお金＋ケーキの代金＝持っていたお金
　となります。

12 作ることができる分数は、
$\frac{1}{6}$、$\frac{2}{6}$、$\frac{3}{6}$、$\frac{4}{6}$、$\frac{5}{6}$、$\frac{6}{6}$ の6こです。
②$1 = \frac{6}{6}$ だから、$\frac{2}{6}$ より大きく $\frac{6}{6}$ より小さい
分数は、$\frac{3}{6}$、$\frac{4}{6}$、$\frac{5}{6}$ の3こです。

てびき

1 ①99064000 ②35200000

2 ①0 ②60 ③3 ④42 ⑤902
⑥588 ⑦1075 ⑧4875

3 ①0.4 dL ②2.9 cm

4 ①$\frac{2}{5}$ ②$\frac{4}{7}$

5 ①> ②< ③= ④<

6 ①7010 ②60 ③1、27 ④5

7 ①420 ②3、600

8 ① ②

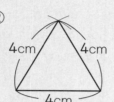

9

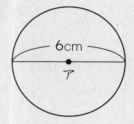

10 ①6cm ②18 cm

11 ①式 40÷8＝5   答え 5こ
②式 40÷6＝6 あまり4
（6＋1＝7）   答え 7こ

12 ①38－□＝25 ②13

13 ①(円) おかしのねだん
②おかしは、
ガム、
グミ、
クッキー
が買えて、
合計は 290 円
です。

14 ①式 390＋700＝1090
（1090 m＝1 km 90 m）
     答え 1 km 90 m
②近いのは、⑦の道
わけ…(れい)⑦の道のりは 1370 m、
⑦の道のりは 1530 m で、⑦
の道のりのほうが短いから。

3 ①1 dL を 10 等分したうちの 4 こ分なので、
0.1 dL が 4 こ分で 0.4 dL です。

4 ①1 m を 5 等分した 1 こ分は $\frac{1}{5}$ m だから、2 こ分は
$\frac{2}{5}$ m です。

6 ①1 km＝1000 m ②③1 分 ＝60 秒 ④1000 g＝1 kg

7 ①いちばん小さい 1 目もりは 5 g です。
②いちばん小さい 1 目もりは 20 g です。

8 どちらもまずは 1 つの辺をかきます。その辺のりょうはし
にコンパスのはりをさして、それぞれの辺の長さを半径と
する円をかきます。円の交わる点がちょう点です。
①は、3 cm の辺をいちばん下にかいても正かいです。

9 直径 6 cm の円は、半径が 3 cm になるので、コンパスの
はりとしんの間は 3 cm にします。

10 ①箱の横の長さは 12 cm で、横はボールの直径 2 こ分の
長さなので、ボールの直径は、12÷2＝6 で 6 cm です。
②箱のたての長さはボールの直径 3 こ分の長さなので、
6×3＝18 で、18 cm です。

11 ①同じ数ずつ分けるので、わり算を使います。
②40÷6＝6 あまり 4 なので、6 こずつ箱に入れると、
6 こ入った箱は 6 こできて、4 このたまごがあまります。
そこで、このあまったたまごを入れるために、もう 1 こ
の箱がいります。だから、6＋1＝7 で、7 この箱がい
ります。6＋1＝7 という式ははぶいて、答えを 7 こと
していても正かいです。

12 ① はじめの数 － 食べた数 ＝ のこりの数
② 38こ   □＝38－25
  □こ   25こ   □＝13

13 ①ぼうグラフの 1 目もりは、10 円です。
②3 このねだんをたして、300 円にいちばん近くなるも
のを考えます。ぼうグラフをみて考えたり、いろいろな
組み合わせで合計を考えたり、くふうして答えをもとめ
ます。また、ガム、グミ、クッキーのじゅん番は、入れ
かわっていても正かいです。

14 ①1090m＝1 km 90 m という式ははぶいて、答えを
1 km 90 m としていても正かいです。
②⑦の道のりは、420＋950＝1370(m)、
⑦の道のりは、650＋880＝1530(m)です。
わけは、「⑦の道のりが 1370 m」「⑦の道のりが 1530 m」
「⑦の道のりのほうが短い」ということが書けていれば正
かいです。もちろん上の計算を書いていても正かいです。